環境を守る森をつくる

原田　洋・矢ケ崎朋樹　著

叶神社の社叢林（神奈川県横須賀市）

海青社

❶ 環境保全林のお手本となる社叢林（1）

▲霧島神宮の社叢林（鹿児島県霧島市）

▲浮嶽神社のアカガシ林（福岡県二丈町）

❷ 環境保全林のお手本となる社叢林（2）

▲竜口寺のタブノキ・スダジイ林(神奈川県藤沢市)

▲坂戸神社のスダジイ林(千葉県袖ヶ浦市)

❸ 冷温帯域での環境保全林のお手本となる自然林

▲ 初夏のブナ林（静岡県天城山）

▲ 秋のブナ林（愛媛県大野が原）

❹ 環境を守る森 ― 環境保全林

▲生長した環境保全林(川崎市)

▲温度を緩和したり煤塵を捕集するはたらきがある(横浜市)

❺ 環境保全林を間伐すると

▲ 非間伐区の林内と林冠（千葉県袖ヶ浦市）

▲ 間伐区の林内と林冠（千葉県袖ヶ浦市）

⑥ 環境保全林の主役となるポット苗

▲ポットの中で育てられた２～３年生の実生苗（ポット苗）

▲植樹用に準備された様々な樹種のポット苗

❼ 植　樹　祭

▲市民参加による植樹

▲子供から大人まで一貫した共同作業

❽ 環境保全林の生長初期過程

▲ 植樹後９か月の様子（神奈川県葉山町）

▲ 植樹後８年３か月の様子（神奈川県葉山町）

リタートラップ▶

▼林床に設置されたリターバッグ

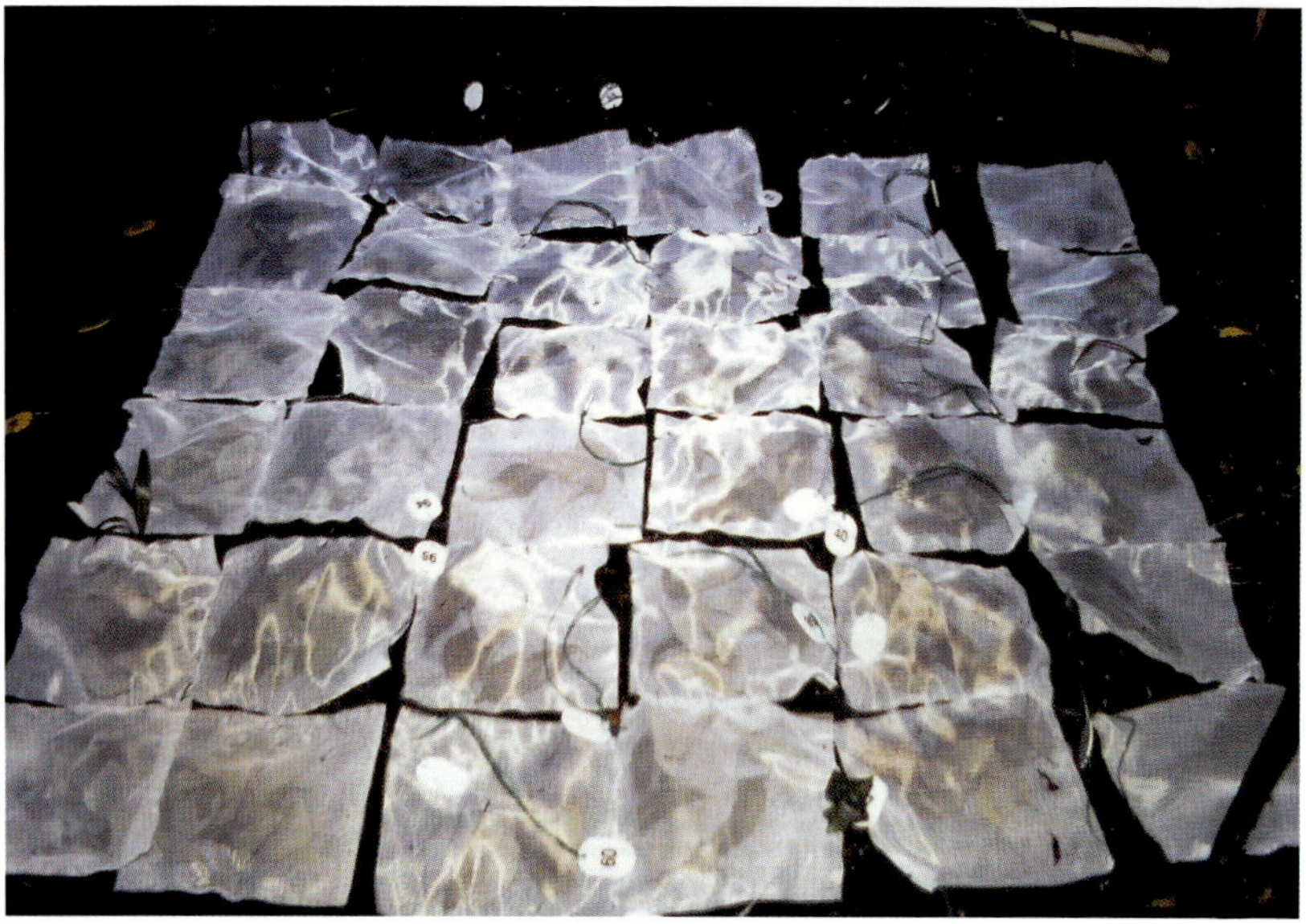

⑩ 環境保全林のはたらきを調べる（1）

▲ 100枚の葉に付着した煤塵を濾過した様子

▲ 煤塵捕集装置

▲ ウレタンラバー法による樹幹流採取装置

⑪ 環境保全林のはたらきを調べる（2）

▲防音・減音効果測定のための集音マイク

▲土壌動物を土壌中から抽出するツルグレン装置

まえがき

著者の一人・原田が調査責任者として環境保全林に関わったのは、１９７２年に実施された「高知県の学校環境保全林」の調査であった。その地域の潜在自然植生を把握する目的で、周辺の自然林を探しているときに偶然出会ったのが、南国市の鎮守の森である。水田の中に鳥居を前にこんもりと繁った森はタブノキが優占し、ヤマモガシが混生していた。決して面積が広いわけでもないが、これが環境保全林のお手本だと思った。

今ではここの植生調査票も写真のフィルムも私の手元にはない。ベタ焼の写真が残っているだけである。強い思い入れがあったので、ベタ焼から起こした写真を使ったことがあるが、鮮明ではなく、がっかりした思いがある。私が環境保全林に興味を持ったのは1枚のこの写真からである。

流行語ではないが、あれから40年。２０１５年10月に藤沢市役所の原田敦子氏により撮影されたのが表紙の写真である。写真から判断すると、この鎮守の森は40年以上「変わらないもの」として存続してきたようである。

この本の著者2人の年齢差は30歳近く離れているが、共通点は横浜国立大学名誉教授の宮脇昭先生にご教授・ご指導をいただいたことである。しかし、2人は宮脇グループの中核からは離れた末席を占めていたにすぎない。その2人が「環境保全林」を執筆することになった。何か特性を出さなければ2人がやる意味がない。

宮脇先生が提唱した「環境保全林」は、最近では「ふるさとの森」や「いのちの森」と呼ばれることが多い。著者らの独自性を出すため表題を「環境を守る森をつくる」とした。これには2つの意味が含まれている。ひとつは「環境を守る森、をつくる」であり、もうひとつは「環境を守る、森をつくる」ということである。

著者の一人は2年前に『環境保全林　都市に造成された樹林のつくりとはたらき』と題する本を出版したが、専門的すぎるとの批判をいただいた。そこで、今回は普及書・一般書という立場で執筆しようと心がけた。

環境保全林づくりは、1970年代、当時開発が急速に進んでいた日本の都市・産業立地の緑化事業で注目されはじめた。当初は、公害・地元対策をねらいとした企業の森づくりが中心であったが、近年は、身近な居住環境を守ることに力点を置いた市民主導の森づくりが各地で展開されてきている。筆者らが本書を手がけるにあたって意識したのは、そうした森づくりが地域の歴史を真摯に学び、ふるさとの自然・文化を心から慕う多くの市民によって支えられているということである。すなわち、本書は、そうした市民活動の場で参考とされ、具体的に役立つものでなければならない。そのような意図を汲み取っていただければ望外の喜びである。

環境を守る森をつくる

目次

●コラム

第1章　環境を守る森をつくるにあたって*

温暖な気候と豊かな降水量に恵まれた関東地方では、人為的な影響をストップさせればほとんどの地域で森林が成立する。沿岸部ではスダジイやタブノキの常緑広葉樹林（照葉樹林）が繁ることになるし、内陸部ではシラカシをはじめとするカシ類からなる森林になる。植生が自発的に遷移しようとする力を押さえつけさえしなければ、自ずと森林が成立する場所である。しかし、そのためには２００～３００年もの長い時間が必要になる。つまり、人間による植生への影響を一切排除し、時間さえ十分にかけてやれば自然に森林ができあがるのである。

都市に造られた代表的な樹林が明治神宮の森である（写真１・１）。鬱蒼《うっそう》と繁る神宮林も造成から１００年の歳月が経っている。しかし、この森とても本当の自然の森と比較すると、環境の複雑さや生物種の多様性をはじめとして多くの面において自然性の高い森林とは隔たりがある。真に森が自然のものとなるにはやはり時間が必要である。その上、単に時間ばかりではなく歴史も要求される。人

* 第1章には原田（1997、2000、2003a、2003b、2004、2005aを修正・加筆した部分が含まれている。

写真1.1　都市に造成された代表的樹林である明治神宮の森（東京都）

工的に造成された森も100年経てば自然に近いものとなる。しかし、それでも100年の歴史を背負った森でしかないことには変わりはない。現在の技術をもってしたところで森の歴史を変えることはできないのである。

都市の中に豊かな歴史に彩られた本当の意味での自然の森を造成することは難しい。しかし、完全な自然復元は無理かも知れないが、機能面からみた近自然の森の創造は可能である。

森を造成する際に、大きな木をもってきて植えるというのは技術的にも難しいし、コストもかかる。そこで出来るだけ小さい木をたくさん植えて、ある程度の時間をみて木を大きく育てるというのが良い方法である。**写真1・2**は横浜国立大学構内の樹林で、ゴルフ場の跡地に今から40年ほど前に小さい苗木（ポット苗）を植え、その後の生長を撮影したものである。このように30年（写真撮影当時）ほど経つと、樹高15ｍの樹林になり、水平的にも垂直的にも密閉した林ができている。

最初からいろいろな生物が棲めるとか、生物の多様性を高くするとか、自然性を高めるとかいうことに主眼点を置くと、どうしても森の作り方というのは変わってくる。密集した市街地においては防災ということに重点を置いて、結果としてそこにいろいろな生物が来て、豊かになっていき、生活に

写真 1.2　大学構内の環境保全林の生長の様子（横浜市）
上：1976 年植栽当時（横浜国立大学名誉教授宮脇昭先生撮影）、中：1986 年当時、下：2003 年当時。

潤いや安らぎを与えてくれる、という具合に結果としてそうなれば良いことである。密集地においてはある特定の目的をもって作る、そういう緑環境の創造が必要ではないかと思う。それに対して田園生態系的な要素の強い所は、必ずしもこういうことを目的にしてやる必要はない。そこでは生物の多様性を高めるような環境作りが必要であろう。

1　環境保全林とは

産業立地や港湾などの工場や事業所の周辺に、こんもりとした樹林が見られる。この樹林は工場緑化の一方法として造成されたもので、環境保全林の名で呼ばれている。横浜国立大学名誉教授の宮脇昭先生が提唱し、実際に森づくりを指導されている。

環境保全林の大きな特徴は、その土地に適応し、将来大きく生長する潜在能力をもち、競争力が強いという条件を備えている樹種から構成されることである。樹種選定にあたって、その土地の自然林を手本とし、潜在自然植生の高木優占樹種を選ぶということである。関東地方の暖温帯域なら、タブノキ、スダジイ、シラカシ、アラカシ、ウラジロガシ、アカガシ、モチノキ、ホルトノキなどが主体となる。とくに、これらの樹種が鬱蒼と生い茂り、潜在自然植生が顕在化した鎮守の森は環境保全林づくりの最終到達目標となる。また、冷温帯域では、ブナ、イヌブナ、ミズナラ、コナラ、イタヤカエデなどが中心となる。

一般に、環境保全林づくりでは、ポリエチレン製のポット上で育成された高さ50㎝前後の実生苗

（ポット苗）を1㎡あたり2～3本の割合で、さまざまな樹種を混合して植栽する。一般的な造林事例よりも高密度に苗木を植えることから、環境保全林づくりの方法はときに「混植密植法」と呼ばれる。苗木は順調に生長すれば、10年も経つと、樹高7～8ｍとなり、鬱蒼とした樹林を形づくる。すると、温度較差を減少し、気温を緩和したり、空気中の汚染物質を吸着し、降雨で洗い流し、大気を浄化したり、防火、防風、防音などのさまざまな遮断効果・機能を発揮するようになる。

近年では、都市環境保全の立場からもニュータウン、道路沿い、公共施設、商業施設などでも環境保全林が造成されるようになっている。平時には生活に潤いを、心にやすやぎを与えてくれる。また、災害時には避難場所にもなる。こんな森を生活域の中につくりたいものである。

2　樹種の選定　どんな樹種がよいか

産業立地に建設される研究所・事業所などの敷地の外周部にこんもりとした樹林を見かけることが多くなっている。特に、東京湾沿いの大きな工場には実に百ｍ以上の長さにわたって樹林帯が形成されているところがある。敷地内に立入ることができない部外者は、湾岸や運河沿いに発達している広がりのある樹林を目にすることは難しいが、敷地が公道と接する境界部のものは塀越しに見ることができる。この樹林は工場緑化の一方法として考案されたもので、一般には環境保全林の名で呼ばれている。

川崎や袖ケ浦の発電所（写真1・3、1・4）および君津の製鉄所などの敷地内に造成されている環境

写真 1.3　川崎市にある発電所構内の環境保全林
スダジイ、タブノキ、ホルトノキなどの常緑広葉樹から構成されている。

写真 1.4　袖ヶ浦の発電所構内にある環境保全林（千葉県）
高木層から低木層まで常緑広葉の枝葉が密生し、緑の壁となっている。

写真1.5　大学構内の環境保全林（横浜市）
クスノキ、タブノキ、シラカシ、アラカシの4種が優占している。

保全林は、空から見てもみごとな樹林を形成している。また、面積的には決して広くはないが、横浜にある大学の樹林も造成後40年の歳月が経過し、数10cmにすぎなかった小さな苗木が樹高15m、幹の直径20cm以上に生長している（**写真1・5**）。

環境保全林の提唱者であり、実際に造成を指導してこられた宮脇昭先生は、多くの著書の中で環境保全林について記述されている。すでに目をとおされた方も多いと思われるが、40年前に同先生の下で各地の環境保全林づくりに協力させていただいた一人として、環境保全林の概略を説明しておきたい。

まずは樹林造成の際の基本であり、第一歩となるのが植栽樹種の選定である。

都市の中から巨木が消滅して久しいが、それでも町内に1つや2つある社寺の境内には一抱え以上もある大木が残存しているところがある。それらの大木はケヤキ・エノキ・ムクノキのような落葉広葉樹のこともあれば、シイノキ・タブノキ・カシ類などのような一年中緑の葉がついている常緑広葉樹のこともある。いずれにせよこのような大木に育つにはいくつかの要因が不可欠となる。

第1は、その樹木が大きくなる素質（潜在力）を具えていることである。樹高3〜4mにしかならない性質のヒサカキやアオキではいくら時間をかけても大木にはならない。

第2は、その土地によく適した樹種であること。その場所の環境に適していなければ生長することはできないし、時には枯死してしまうこともある。箱根や丹沢の山地に生育しているブナを横浜あたりに植栽しても大きくならないのは目に見えている。

第3は、他の樹種との競争に負けない強い力をもっていることである。植物の中には環境に対する適応幅が広く、環境の変化にはめっぽう強いが、競争には弱い種が存在する。イチョウやポプラなどの外国産の樹種がそれにあたる。これらの樹種が大きく生長するには競争力の強い在来の種を人為的に取り除くことが必要となる。

社寺の境内には上記の条件を備えた樹木が生育しており、それらの中から環境保全林造成に適したいくつかの樹種を選定すればよいことになる。

写真 1.6　裏山に残されたコジイ林(愛媛県内子町)

3　主な樹種の特性

(1) スダジイ

シイの実は生食もできるが、炒るととても香ばしい風味がでる美味しい木の実なので、食べたことのある人も多いだろう。縄文時代には主要な食料であり、その後も救荒植物として利用されてきた。ところが、シイノキ本体となると、子供の頃に木登りした記憶も薄れ、どんな樹木だったか思い出せないのではないだろうか。そこで、ここではシイノキについて説明したい。

シイノキは極相林を形成する代表的な照葉樹である。照葉樹は1年中緑の葉を付け、葉の表面がクチクラによって覆われているため照りがあるところからこの名がある。温暖な地方の神社の境内には、黒々としたドーム状の樹冠《じゅかん》をもつシイノキの大木が生育している(写真1・6)。

葉の表面は深緑色であるが、裏面は銀褐色となり、対照的な色彩をなしている。5～10㎝の長楕円形で、上半分の縁には鈍い鋸歯《きょし》があるか全縁（鋸歯がない）である。8㎝くらいの穂状の花は、5月頃に黄色に輝き、むせかえるような特有な匂いを発する。果実は1個の殻斗《かくと》（クリのいがに相当する部分）に1個の堅果《けんか》（ナッツ）を包んでいる。

我が国のシイノキはコジイ、スダジイと沖縄に分布するオキナワジイの3つがある。コジイの樹皮は平滑で、樹冠は球状となる。果実が球形で小さいところから別名ツブラジイとも呼ばれる。一方、スダジイは大木になると、幹に縦の割れ目ができる。果実は卵形でコジイより大きい。コジイは静岡県が分布の北限になるので、関東地方ではスダジイだけが生育している。両種が分布する地域では沿岸部にスダジイ、内陸部にコジイが多いが、はっきりした境界があるわけではない。

シイノキは建築材や薪炭材、シイタケ栽培のほだ木などに使用されている。なお、ほだ木にはシイノキ以外にもコナラやクヌギなどの落葉広葉樹を使うところもある。

①競争に強い

東京湾内に埋め立てた人工島がある。この一画に発電所が位置し、その構内には環境保全林が存在する。１９８４年に１m前後のポット苗を植栽したところで、15年ほど前の測定時には樹高は12mに達している。樹種はスダジイ、タブノキ、ホルトノキ、ヤマモモ、アラカシなどの照葉樹で、特に前二者の優占割合が高くなっている。ここで樹林の構造と機能を把握するためさまざまな調査を行なっている。その中のひとつである落葉の年変動について紹介しよう。

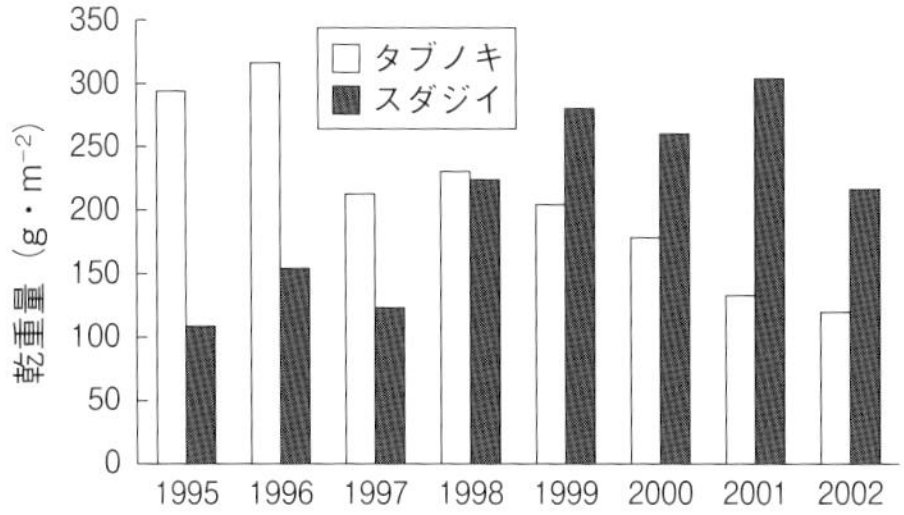

図1.1　川崎の環境保全林におけるタブノキとスダジイの年間落葉量の経年変化（長尾ほか 2003）

リタートラップという円形の袋を８個設置し、その中に落下する葉を毎月回収しては乾燥機で処理した後、種類ごとに落葉の乾重量を測定している。測定開始初期の３年間（植栽後11～13年）では、㎡あたりの年間落葉量は、スダジイが１００～１５０ｇであるのに対し、タブノキは２１０～３２０ｇと２倍くらい多い。しかし、その差は年々縮まる傾向を示し、１９９８年には両者はほぼ同じ量となり、翌年からはスダジイの落葉のほうが多くなっている。それ以降の両者の差は開く一方で、２００１年時点ではスダジイが３００ｇ、タブノキが１３０ｇとなり、初期の頃とまったく逆の値を示すようになっている（図1・1）。

落葉量が多いということは、樹木の活性が高く、生葉量が多いことを意味する。植栽後13年くらいまではタブノキが優勢であったのに、今ではスダジイにその地位を取って代わられている。ちなみに１００㎡あたりの立木密度は、タブノキが36本から27本に減少しているが、スダジイは21本と変化がなく、１本も枯れていない。ここではスダジイのほうが強く、やがてはスダジイの優占する樹林へと変化していくことが予想される。

スダジイもタブノキも暖温帯の沿岸部に生育する代表的樹種であるが、一般的には尾根部や斜面上部にスダジイが、斜面下部から沖積地でタブノキが優勢となる。埋立地はどちらかというと沖積地の要素が強いので、タブノキが優勢になることが予想されたが、現在ではスダジイが競争に勝っているといえる。この原因についてはまだはっきりしたことはいえないが、恐らく土壌条件が大きく関与しているものと思われる。

伊豆諸島の八丈島では、古い火山の三原山ではスダジイが優占している。一方、新しい火山の八丈富士ではタブノキが優占しているという（上條1999）。時間の経過とともに土壌が成熟していき、タブノキ林からスダジイ林へと変化していく図式が環境保全林でも描けそうである。

(2) カシ類

カシは「樫」と書き、堅い木であることが強調されている。いずれの種類も材が堅く有用な樹木で、アカガシから作る木刀はその代表である。日本には8種類のカシノキが分布している。各種の名前の由来はさまざまで、林（1969）によればシラカシとアカガシは材の色から、アラカシは「粗カシ」の意味で葉が粗大であることから、ウラジロガシは葉の裏面が白いことによる。オキナワウラジロガシは「沖縄のウラジロガシ」、ツクバネガシは「突羽根ガシ」で、枝先に4枚の葉が出て羽根突きの羽根に似ていることから、ハナガガシは「葉の長いカシ」、イチイガシの語源は不明であるという。

①ドングリが実る木

一般にカシといった場合、さまざまな種類のカシを総称することが多いが、ある特定の種類を指すこともあり、地域によってその種類は異なる。九州や四国ではアカガシやイチイガシ、近畿ではアラカシ、中部ではウラジロガシ、関東ではシラカシを指すことが多いという（上原1975）。

備長炭の原料として有名なウバメガシはカシではなく、ナラの仲間に入っている。これはドングリの殻斗（はかまの部分）が、輪を重ねたように配列するカシ類とは異なり、鱗片《りんぺん》が瓦を重ねたように並ぶナラ型のタイプであることによる。カシ類は常緑広葉樹、ナラ類は落葉広葉樹が一般的だが、ウバメガシだけは常緑広葉樹でありながらナラ型の殻斗をもつためカシ類から除外され、ナラ類にグループ分けされている。

アラカシ、シラカシ、イチイガシの3種のドングリは、春に開花したものがその年の秋に成熟する1年成であるが、他の5種は翌年の秋になって成熟する2年成の実である。カシ類のドングリは渋味（タンニン）が強いので水にさらし、アク抜きをしなければ食べられないが、イチイガシの実は炒ってそのまま食べることができる。

沖縄県西表島でアデンガと呼ばれるオキナワウラジロガシの実は、日本最大のドングリで、直径2cm、長さ3cmの大きさになり、1個の重さが10g以上にもなる（写真1・7）。

②シラカシ林

静岡市護国神社のシラカシを主とする社叢林は、裸地のような場所に郷土の樹木を植栽した樹林で、70年を経た現在では自然林のような様相を示している。人工的に造成した樹林の成功例のひとつである。

写真 1.7　左よりスダジイ、マテバシイ、オキナワウラジロガシの堅果

写真 1.8　シラカシが優占する屋敷林(神奈川県藤沢市)

関東地方の丘陵や洪積台地にはシラカシの優占する小林分が分布している。これらシラカシ林は3つのタイプに区分されている。1つは屋敷林や丘陵斜面林の形で残存しているもので、ケヤキ、エノキ、ムクノキなどの落葉広葉樹を伴っているケヤキタイプ、2つ目は緩やかな傾斜地や台地に分布し、高木層には落葉広葉樹を含まず、シラカシによって樹冠が形成される典型タイプ、および丘陵や尾根部など乾燥しやすい立地に分布し、モミやアカマツなどの針葉樹を交えるモミタイプである。

シラカシやケヤキを主体とした屋敷林は、関東地方の農村景観を最も特徴づけている（写真1・8）。関東ローム起源の砂塵と冬期の季節風を防ぐために元からあった自然林を残したり、新たに復元したものである。三浦・竹原（2002）によれば、全国の屋敷林は6つのタイプに類型化され、東日本太平洋岸のものはイグネ型となり、関東地方ではシラカシ、ケヤキ、スギが主体になるという。

③関東平野の原植生

関東平野の原植生が何であったかは説の分かれるところである。火山灰に由来する黒ボク土壌の存在からススキを主体とするイネ科の草原をとる説、国木田独歩の小説『武蔵野』にも出てくるクヌギやコナラの雑木林をとる説、照葉樹のシラカシ林説などがその主なものである。関東平野に一時的には確かにススキ草原が存在したことは間違いない。「江戸名所図会」のような当時描かれた絵図によれば、東京広尾のあたりは一面の草原であったことが偲ばれる。しかし、ススキ草原は5～6年に一度は人為的に手を加えなければ存続できない。人間の影響をストップさせてしまえば、低木類が侵入するようになり、やがては森林へと遷移していく。したがって、人為的干渉の少なかった時代にススキ草原が原植生として広がっていたとは考えにくい。

クヌギ・コナラの雑木林は薪炭の材料として10～20年周期で伐採しなければ、照葉樹林へと遷移してしまう。化学肥料のない時代には毎年冬期に落葉をかき集め、堆肥を作らなければ農作物の生産はおぼつかない。このように雑木林は人間が生活する上で絶えず手を加えていた樹林である。となると、原植生とするには不都合となり、クヌギ・コナラ林も消去してよかろう。

温暖な気候と豊かな降水量に恵まれた関東平野では遷移を考えれば、原植生は照葉樹林しか候補に上がらない。照葉樹林ならシイ・タブ林かカシ林かということになる。現存する植生の分布を調べると、前述したようにシイ・タブ林は沿岸部、カシ林は内陸部で優勢となっている。これらの事実を根拠にするならカシ林を関東平野の原植生とするのが素直な見方となろう。さらに、本地域で樹林を形成するカシ類はシラカシ、アラカシ、ウラジロガシの3種である。アラカシとウラジロガシはより内陸部や山足部で優勢となることから、神奈川、東京、埼玉、千葉の都県内で関東ローム層で覆われたところの原植生は、シラカシ林が最有力となる。もちろん部分的にはアラカシ林やウラジロガシ林さらにはモミ林も存在したことであろう。

(3) タブノキ

タブノキという樹木をご存知だろうか。暖地の海岸沿いのいく分湿った場所に生える大木で、太いものでは直径が1mにもなる。常緑の厚い葉が重なりあって繁茂するので、黒々とした樹冠を形成する。真赤な長い果柄にたわわに実った1㎝ほどの果実は、夏の暑い頃になると黒紫色に熟す。果実

写真1.9　タブノキの花（神奈川県藤沢市）

は鳥が好んで食べるので、種子は糞とともに分散される。夏に落下した種子は、すぐに根や芽がのび、秋には本葉を出す。秋に落下した種子が、翌年の春に発芽するという普通の樹木からすると、いささか変わった生活をしている。しかし、樹形といい、葉の茂りかたといい、堂々とした風格を備えた樹木である（写真1・9）。

ところが、このタブノキという樹、あまり人に知られていないようだ。同じ仲間であるクスノキが有名であるのと対照的である。その上、イヌグスとも呼ばれ、クスノキの下に位置づけられている。植物の名前でイヌという言葉がつくと、「役に立たない」とか「毛が多い」ことを意味する。葉は無毛だから後者の意味ではなく、クスノキのようには役立たないとか、より劣ることを指した呼び名であろう。しかし、タブノキの材は船や楽器の材料にも使われ、また、葉や樹皮から作られる椨粉《たぶこ》は線香のつなぎとして利用される。結構、有用な樹木なのである。

① 横浜の原植生

ここでタブノキを取り上げてきたのは、横浜の沿岸部の自然植生がタブノキ林だからである。タブノキは単に横浜の景観を特徴づけるだけではなく、その地域のもっとも安定した自然植生の一つを構成する代表的な樹木でもある。しかし、人間の活動が絶えず植生に影響を与え続けてきた結果、タブノキ林という自然植生は消滅して行った。そのため、今日ではごく限られた場所でしかタブノキは見られない。これは薪・炭などの燃料や農業用の肥料を植生に依存する割合の高かった明治時代ではなおさらのことで、むしろ当時のほうがより強く植生に手を加えていたであろうと思われる。

称名寺（横浜市金沢区）にある北条実時や貞顕《さだあき》の墓には、今日なおタブノキが生育している。線香に使われるこの樹は、寺院に似つかわしい樹木なのかも知れない。

(4) クスノキ

関東以西の温暖な地域で生活したことのある人なら、クスノキという樹をご存知だろう。神社や公園、街路に植栽されたものは、枝が広く張り出し、大きな丸い樹冠を形成し、ひと抱えもある大木となる（**写真1・10**）。

樹皮は灰褐色で、細かく縦に裂けている。葉は6㎝前後の大きさで、黄緑色から濃緑色となり光沢がある。3つの大きな脈が特徴で、葉の縁は波打っている。5～6月に長い柄の先に黄色味をおびた白色の小さい花をつけ、11月になると直径8㎜くらいの球形の果実は黒く熟する。材や樹皮、葉

写真1.10　クスノキの大木(静岡県河津町)

にはカンフルやサフロールなどの精油成分を含んでいるため芳香を発する。

①巨木になる

巨木として天然記念物に指定されているものがいくつかある。かつて環境庁が「緑の国勢調査」の一環として実施した全国の巨樹・巨木の調査結果によれば、幹周りの大きい樹木ベスト10のうち、9件がクスノキであった。また、生育地別では高知県と静岡県が1件あっただけで残りはすべて九州という具合に、温暖な地方に片寄っている。

なお、我が国ではクスノキを「楠」と書くが、中国では「樟樹」と表現し、楠は日本には分布しない別の植物を指していると指摘されている(牧野1967)。

②神奈川県真鶴半島の樹林

神奈川県立真鶴自然公園は、クスノキやスダジイを主体とする照葉樹林が広がっている。

半島部で最も樹高の高い林分が分布している南側半分の地域を対象とした大野・宮脇（1994）の調査では、胸高直径《きょうこうちょっけい》50㎝以上の樹木は、クロマツ114本、アカマツ3本、クスノキ71本、スダジイ23本、ハリギリ1本の合計212本が計測されている。クスノキは樹高が最低でも16mあり、最高は37mで、30mを超える巨木が21本あった。また、胸高直径は1m以上のものが32本も数えられ、最大は210㎝になっているという。

ここのクスノキ林は植物社会学的にはヤブコウジ—スダジイ群集という単位に所属する（藤原・宮脇1994）ことや、高木以外にはクスノキが生育していないことから、やがてはスダジイ林へと遷移するものと考えられている。

③弥生時代にもあった

弥生時代後期の三世紀の日本の姿を紹介したものに『魏志倭人伝』がある。卑弥呼が治める邪馬台国の様子を記述したものである。この中に邪馬台国に生育する植物についての記載がわずかながら見られる。そこには枏（タブノキ）、橿（カシノキ）、杼（コナラ）などと共に豫樟（クスノキ）の名が挙げられている（苅住1970）。これは邪馬台国周辺に当時すでにクスノキが生育していたことを現わしている。

三世紀にもなれば渡来人の数も増え、中国や台湾からクスノキの苗を持参して植栽したことは十分考えられる。クスノキの材は加工しやすく、船舶材や建築材、細工物など用途も広いので、積極的に植栽した可能性は高い。魏志倭人伝にあえてクスノキを明記したことは、本種が近くにかなり存在し

写真1.11　雪で折れたクスノキ(横浜市)

ていたと推察できる。

④雪に弱い

横浜の大学構内に人工的に造成した照葉樹の樹林がある。40年ほど前に1m前後のポット苗を植栽したところだが、現在では樹高15mの高さにまで成長し、鬱蒼とした樹林を形成している。樹種はクスノキ、タブノキ、シラカシ、アラカシの4種である。

1986年3月の末に大雪が降ったことがある。春の雪は水分を多く含み重い雪となるため、いずれの樹木も幹が弓のようにしなり、中には先端が地面に接するまでに歪曲したものもある。しかし、幹が折れた個体は少なく、3本のクスノキが犠牲になったにすぎなかった。ところが、枝折れした個体の数はすさまじく、100本以上を数えた。タブノキとシラカシの枝折れした個体は2個体ずつで、残りはすべてクスノキであった。雪に対してクスノキは

●コラム1　タブノキの果実に喰らいつくダンゴムシ

タブノキの果実が成熟期をむかえるころ、この実をめぐってヒヨドリなどの鳥たちが騒がしくなる。種子のまわりを包むやわらかく水分に富んだ果肉には脂肪分が豊富に含まれ(野間 1997)、これを野鳥が好んで食べる。タブノキは一般に、種子の散布様式の特徴から「鳥散布型」と言われている。実は丸ごと鳥に飲みこまれ、栄養価の高い果肉が体内で消化された後、実の中のかたい種子だけが排出される。果肉には発芽抑制作用(野間 1991)があるようなので、果肉を取り除いてくれる上、遠くへ種子を運んでくれる鳥たちはタブノキにとっては子孫を残すための都合の良い存在である。

この「タブノキと鳥との関係」はよく知られた話なのだが、最近、タブノキと密接に関係している鳥以外の生きものを森の中でよく見つける。足元にいるダンゴムシである。三浦半島西部にある天神島(横須賀市佐島)のタブノキ林で生きもの観察をしていたところ、自然落下したタブノキの成熟果実にダンゴムシが喰らいついている。数匹のダンゴムシが1つの実にむらがる姿はいわば「ダンゴムシの団子」であり、何とも異様な光景である。じっくり観察した後、その実をダンゴムシから奪い手に取ってみると、明らかに果肉の部分にダンゴムシの食痕があり、部分的に種子の表面があらわとなっている。このダンゴムシ、目立たぬところで、タブノキの発芽を促す目覚ましい働きをしているのかもしれない。

タブノキの実に喰らいつくダンゴムシ(神奈川県横須賀市)

鳥に運ばれ磯浜に落とされたタブノキの種子(神奈川県横須賀市)

めっぽう弱いといえる（写真1・11）。

また、台風一過の後も他の樹種に比べてクスノキの枝葉が圧倒的に多く落下している。枝や葉を落とすことにより本体の幹を守っていることがわかる。

(5) ブナ

春に芽吹いた新緑のブナは、夏には濃緑色となり、秋に黄葉し、やがては落葉するという具合に、季節によりさまざまな景観を示してくれる。このような季節感あふれる変化を呈する樹木は、夏緑広葉樹（落葉広葉樹）と呼ばれるが、ブナはその中で王様の風格を具えている。

写真1.12 ブナの樹肌（静岡県天城山）

北海道渡島半島から鹿児島県高隈山《たかくまやま》まで、日本の冷温帯域に広く分布している。ブナの樹皮は灰白色で、割れ目がなくなめらかで、地衣類やコケが付着するため、白と黒の斑紋がコントラストを形成して森林の中でもよく目立っている（写真1・12）。

葉は卵形で、長さ4～9㎝、縁は波状となり葉脈以外は無毛である。果実は先のとがったトゲのある殻斗に包まれている。殻斗は秋になると4つに分裂し、中から2個の堅果が出現する。堅果には3つの稜があり赤褐色をしている。ブナのことをソバグリとも呼ぶが、これは稜（そば）があり、蕎麦（そば）の実に似ていることと、ブナの堅果は食べることができることによるものである。脂肪分に富み、かつては油を搾ったことがあったという。

ブナの学名は*Fagus crenata*と表記するが、属名の*Fagus*はギリシャ語のphagein（食べる）に由来している。材は古くは椀などの漆器の木地として、近年は合板などに利用されている。

①ブナの仲間

岩手県以南の太平洋側で、ブナの生育地より標高の低いところにはイヌブナが分布する。ブナに近縁な種であるが、樹皮はやや黒く、いぼ状の皮目がある。葉はブナより大きく、裏面には伏した長い軟毛があることと、側脈がブナより多く、10～14対もある。殻斗は長い柄をもち、果実の基部の半分しか包んでいないのが特徴である。

植物名にイヌがつくと、材として役に立たないことや毛が多いことを意味するが、イヌブナはブナより材が劣る上に、葉には毛が多いので双方の意味が含まれている。

②ブナの巨木

青森・秋田県境にまたがる白神山地は、世界遺産にも登録され、ブナの原生林で覆われている。この岳岱《だけだい》自然観察教育林内に位置する通称「400年ブナ」は、白神山地のシンボル的存在となっている。樹高26m、幹周り485cmで、細い木が何十本も束ねられたような樹幹となっている。

秋田県角館町と田沢湖町に広がる和賀山塊の一画にある白岩岳の個体は、樹齢300年と推定され、樹高24m、幹周り860cmの日本一太いブナとなっている。幹は隆々としたコブをもっているのが特徴的である。

長野県飯山市の鍋倉山のブナは、樹高25m、幹周り534cmで樹齢は300年以上と推定されている。なお、ここに掲げた3地域の測定結果は、『森の巨人たち・巨木100選』(平野・巨樹・巨木を考える会2001)を引用している。

箱根山地の南斜面に位置する函南《かんなみ》原生林のブナは、樹高24m、幹周り635cm、推定樹齢700年と、秋田県や長野県などの多雪地のブナと比較しても大きさではひけをとらないりっぱさである。

③ブナ林へのシカの影響

静岡県天城山のブナ林は伊豆半島に残された最も自然性の高い植生である。ここのブナ林は林床にササが密生するササ型とササを欠くタイプの2つに分けられる。天城峠から八丁池に至る登山コース沿いには、スズタケが密に生育しているササ型タイプのブナ林が分布していた。

最近はササがほとんど枯死している。シカの糞があちこちにみられることから、シカが過剰に摂食し、ササが壊滅状態に陥っているものと思われる。糞の量から推測するとシカの密度は相当なものであろう。

シカの選択的摂食で植生が変化したり、植林した樹木の皮が食べられ、生長が阻害されている例は、神奈川県の丹沢山地や栃木県の日光山地でも知られている。

丹沢山地ではシカの採食から植生を保護するための植生保護柵や、植栽木の被害を防ぐための防鹿《ぼうろく》柵《さく》が設置されている。その成果にはまだ不明な部分もあるが、田村（2003）によれば以下のような効果が認められつつあるという。

ひとつには希少種の保全の効果である。例えば、神奈川県レッドデータブックに掲載されている絶滅種や絶滅危惧種のうち13種がここに生息しているが、その中の5種はシカの摂食が原因とされている。2つには柵内外の植物相を比較すると、柵内だけに出現したり、花が認められる種が存在すること。3つにはブナをはじめとする高木性の樹種の樹高が柵外よりも明らかに高いものが多いこと、などが挙げられている。

シカの採食を防ぐ植生保護柵は、希少種の保護、樹木や林床植物の保全に効果があり、さらにはシカの踏圧による裸地化に伴う土壌侵食の防止にも役立つことが指摘されている。

天城山万三郎岳から万次郎岳にかけてのブナ林は林床にササを欠き、ツツジ類、コアジサイ、イトスゲなどが優占するタイプである。このタイプは愛鷹山《あしたかやま》の越前岳にも見られる。

⑹ミズナラ

山地に生え、ブナとともに自然林や二次林を形成する。ブナは北海道の黒松内《くろまつない》を境にそれより東側には分布しないが、ミズナラは北海道全域に分布している。和名は材に多量の水分を含むことによる。樹皮は黒褐色で、隆起が著しくごつごつしている。葉は互生し、葉の縁には粗く鋭い鋸歯をもっている。コナラより葉柄が短く、ほとんどないことで区分できる。堅果は黄褐色で光沢があり、長さ

2㎝くらいである。いぼ状の鱗片のある殻斗はコップ状で深い。ウイスキーの樽材やキノコ栽培の原木として利用される。

中庸な立地に生育するブナは、樹皮が灰白色で、割れ目がなく滑らかである。葉は卵形で縁は波状である。このような樹皮と葉形をもつブナを基本形とすると、生育地の乾燥化に伴い優占樹種の形態に変化が生じていることに着目してみよう。

ブナより乾燥した立地に生育するミズナラの樹皮は隆起しごつごつしている。葉には鋸歯が目立つ。シラカンバやダケカンバの樹皮は薄く剝れ、葉の形は三角形で葉柄が長い。

さらに乾燥した尾根や岩角地になると、モミ、ツガ、マツなどの針葉樹となり、樹皮は鱗片状で剝離するようになる。乾燥化とともに優占樹種の樹皮や葉の形態が変化しているのがわかる。

このような現象は湿潤化でも見られ、葉の基部が左右不整の楔形《くさびがた》であったり、葉に切れ込みが入るハルニレやオヒョウ、天狗のうちわのような葉のトチノキ、羽状複葉のサワグルミへと移行している。また、樹皮は縦に不整の割目や皮目が入り粗造となっている。

ミズナラの仲間にカシワがある。炊ぐ(かしぐ)葉の意味で、葉を炊事に利用したことに由来する。幹から太い枝を出し樹皮はごつごつしている。冬になって葉が枯れてもなかなか落葉しない。葉はミズナラに似ていて基部は耳状になりほとんど柄はない。葉の縁には大きな波状の鋸歯があり、裏面には毛が多い。大きく質が厚いのが特徴である。堅果は球形で多数の細長い鱗片のある殻斗に包まれる。材はウイスキーの樽、葉は毛があるため餅が葉につきにくいので柏餅に利用される。

4　環境保全林の形態

(1) 森の姿やかたち

環境保全林造成の際の植栽樹種の選定については、①将来大きくなる潜在能力を具えていること、②その土地によく適していること、③競争力が強いことの3点を樹種選択の基準にしている。また、これらの条件を満たしている樹種は神社の境内に生育していることなどについてはすでに述べている。

ここではどのような形態の環境保全林を造成するかという全体の様子、すなわち森の姿やかたちを問題にしたい。

少し前ならちょっとした神社の裏にはこんもりと茂った薄暗くて不気味な森が存在していた。今日、街の中ではこのような鎮守の森を見つけることはむずかしいが、郊外に出ればまだ見つけ出すことができる。鎮守の森は決して面積的に広くはないが、水田の中などにポツンと存在しているところなど、ひとつのまとまりのある空間を形成している(写真1・13)。第1層の高木層から第3層の低木層や第4層の草本層に至るまで垂直的にびっしりと枝葉が連続して密生する様子は、外から見ると緑のカベが形成されているようである。一歩でも森の中に入ると様相はすっかり変わり、直射日光の入らない林内は薄暗く、足元の地面には落ち葉が堆積し、ふかふかなクッションとなっている。上空を仰ぐと、ずっと高いところで天空は常緑広葉の樹冠で覆われ、水平的にも密な森を形成していること

写真 1.13　スダジイ林からなる鎮守の森(静岡県御前崎市)
環境保全林のお手本となる。

がわかる。一口でいうなら鎮守の森とは垂直的にも水平的にも常緑の枝葉が密生した緑の小空間と表現することができる。この鎮守の森が環境保全林のお手本であり、目標となる将来像である。

目標となる鎮守の森の具体例を紹介しよう。静岡県にある社叢林である。高木層の高さは20mで、植被率(天空を覆っている植物の占有割合)は80%で、コジイが優占し、ヤマモガシとイチイガシが混生している。第2層の亜高木層は、樹高12mを上限にコジイ、ヤマモガシ、ミミズバイなどが40%の植被率で生育している。3m以下の低木層の植被率は70%とかなり高く、ミミズバイが優占している。草本層の植被率は40%で、ホソバカナワラビ、コバノカナワラビ、ベニシダ、オオイタチシダなどのシダ植物が多い。20m×30mの調査範囲から38種の植物が出現している。なお、植被率というのは一定の範囲内で全植物の枝葉が占める割合を層ごとに示したものである。

現在みられる環境保全林も古いものではすでに造成してから40年の歳月が経過している。40年生の先輩たちは理想像に近づいているだろうか。どうもうまくいっているものばかりではないようである。水平的には連続した密な樹林を形成していることは確かだが、垂直方向への発達が余りかんばしくない。つまり植栽樹の多くがほぼ同じくらいの高さに一様に生長し、樹林の厚みを創出する低木層を構成するものがほとんど存在しないからである。そのため階層の分化が進んでいない。また、樹高の割には樹幹の細いものが多く、樹高と樹幹の太さとの割合の形状比が不良な樹木が相対的に多くなっている。

樹林に少し手を加えてやることも必要のようだが、どのような管理がよいかは現在まだ確定していない。

(2) 環境保全林の樹木は伐ったほうがよいか

産業立地を中心に人工的に造成した環境を守る森の現況は多く紹介されている。いずれの報告も比較的短期間で森が形成されることが強調されている。また、造成後の経過年数が何十年も経ったところではすでに「森」と形容できるような形状を備えている場所もあるという。しかし、それら報告の中で今後の課題として間伐による間引きの検討や階層構造の分化の必要性を述べているものもいくつかみられる。樹高が高い割には樹幹が細いものが多いという形状比のアンバランスを是正したり、林の向こう側が透けて見えるような単純な階層を複雑化しようとするものである。環境保全林で自然間

●コラム2　常緑広葉樹の紅葉

秋になって涼しくなると、紅葉のたよりが届くようになる。落葉広葉樹のブナやミズナラ、トチノキ、ダケカンバ、シラカンバ、オヒョウなどは黄褐色〜褐色に、イタヤカエデ、カツラ、ヒトツバカエデ、カラマツは黄色に、モミジの仲間のハウチワカエデ、コハウチワカエデやノブドウ、ツタウルシは真赤に変色する。紅葉は落葉広葉樹のふるさとである冷温帯域が本場である。朝晩の気温が低下し、最低気温が8℃以下になると、紅葉がはじまるといわれている。

常緑広葉樹は秋になってもほとんど変化しない。街路樹のクスノキの葉が1本の木につき何枚かが赤く変色する程度である。常緑広葉樹は秋でも緑色の葉を付けているが、1年中緑色というわけではない。ほんのわずかな期間ではあるが、黄色や赤色になったりしている。あまり気づかれないが、春に葉が展開するときに、クスノキやスダジイは黄色や黄緑色の、タブノキは赤色の葉をつけ、春の紅葉といえるような景観を出現させている。

裏表紙はタブノキ、クスノキ、シラカシ、アラカシの4種からなる横浜の環境保全林の春の景観である。色とりどりの様子がお分かり頂けるでしょう。葉の色は緑色のクロロフィル、黄色のカロテノイド、赤色のアントシアンの色素の割合で緑色になったり、赤くなったりしている。

引きが生じていることは認めつつも、さらに短い時間で「より高くて太い樹木からなる樹林」を形成したいという願望から生まれてくるものである。そこでまだ十分にデータを集積していないが、環境保全林における間伐の影響を調べたのでその一例を紹介したい。

東京湾埋立地での13年生の環境保全林における間伐の影響は以下のようなものである。ここに植栽されている樹木はタブノキ、スダジイ、ホルトノキなどを主体とする9種の照葉樹である。この環境保全林の大部分で立木密度の40％（100㎡あたり40本）を1995年2月に間伐している。伐採後2年半経過した時点での調査によれば、この期間だけでも樹木の幹は確実に太くなっている。すなわち、間伐によって樹幹の肥大生長が促進されたことになる。

一方、非間伐区では相変わらず伸長生長のほうが著しく、幹の肥大化は促進されていない。樹木は古くなった葉や枝を植物遺体として地表に落下させるが、これらをトラップで集積し、その組成と量を調べてみると、落下する総量は間伐によって減少するが、落葉量は伐採された割合（ここでは40％）ほどには減少していない。さらに間伐1年後では非間伐区の82％に、2年後では84％にまで復元し、葉量は比較的短時間で回復していくようである。

では林床に堆積した落葉の分解はどうだろうか。1年間に落下した単位面積あたりの落葉を風乾させた後、網目のバックにいれ、これを1年間リターの下に埋め込み、バック内の落葉の分解率を測定している。バックに入れた落葉はタブノキ、スダジイ、ホルトノキの3種である。非間伐区での分解率の平均が58％であるのに対し、間伐区では63％と高い値を示している。

間伐区でも非間伐区でも腐植食性の土壌動物の現存量は1g以上あるが、両区の差はわずか2㎎しかない。土壌動物の量は同じでも分解率に差が生じたのは土壌生物の活性化の程度が異なるからであろう。伐採により林床に太陽光が多く入り込むようになり、土壌中に生息する小動物や微生物の活性化が高まったことによるものと考えられる。しかし、間伐区における林分葉量の回復が速やかに進行していることから両区の差は早々に小さなものになることが予想される。間伐によってリターの分解が促進されるのも一時的なものかもしれない。

環境保全林に生育している植物の中で植栽樹種を除くと非間伐区で7種、間伐区で9種あり、両区の間に大きな差は認められない。シャリンバイやトベラのように近くの植込みに植栽されている種を除くと、ヘクソカズラやスギナのような陽地性の植物が侵入している。間伐しても特に種数が増大するわけでもない。しかし、種数の少なさはここが埋立地であるために、生物を送り込む供給源となる場所が近くに存在しないという当地の特殊性によることが原因とも考えられる。

さて、間伐する前にはっきりさせておかなければならないことがある。それは環境保全林に何を期待するかである。野鳥豊かな樹林の形成を目的にするなら、鳥を誘うための実のなる樹木を植えなければならないし、水遊びをする池も必要であろう。

著者らは「環境を守る森」は環境保全機能を高めることを目的とした樹林であると思っている。したがって、環境保全機能を中心に置き、時間の経過を伴うが結果としてその樹林の多様性や自然性が高くなればよいことであり、そのこと自体を目的とする樹林を形成しようとするなら、造成手法から検討すべきであると考える。間伐そのものより林床に厚く堆積し、他の植物の侵入を阻害しているリター*の管理のほうが問題ではないかと思っている。

5　環境保全林の到達目標とは？

環境保全林が目指す最終到達目標は、潜在自然植生が顕在化（具現化）した鎮守の森である。しかし、鎮守の森は長い時間をかけ、その土地本来の自然植生へと発展してきたものであるので、一朝一夕に出来上がるものではない。この「長い時間」を人の力によってある程度は短縮することは可能であるが、鎮守の森が完成するまでの時間からみれば、ほんのわずかな手伝いにしかすぎない。

著者らが最初に関わった1970～80年代の環境保全林づくりから40年の歳月が経過するが、鎮守の森、すなわち潜在自然植生の構成種から成る森ができたとは聞かない。

そこでここでは、環境保全林の到達目標に2段階方式を提案したい。第1段階はポット苗植栽から40～50年を目標とした「第1期環境保全林」の時代である。ここでは潜在自然植生の高木主要構成樹種、例えば関東地方の平野部では、スダジイ、タブノキ、シラカシやアラカシなどのカシ類の伸長・肥大生長を期待し、これらの優占する樹林の形成を目指す。この時期は鎮守の森の種組成と遠くかけ離れているが、外観的には常緑広葉樹の鬱蒼とした樹林となっている。そのため防火、防塵、防音な

---

* 樹上からの落下物には葉、枝、花、種子、樹皮など様々な有機物が含まれているが、林床に堆積したこれらを総称して「リター」と呼ぶ。

どの遮断効果があり、環境保全機能は十分に発揮できている。

「第2期環境保全林」の時代は、明治神宮林が具体例となる。100年近くが経過した樹林である。ススキ原からスタートした明治神宮林も百年経つと、潜在自然植生とほぼ同じ種組成の樹林となりつつあり、鎮守の森と呼べるものになっている。すなわち、潜在自然植生の顕在化が成立しはじめているといえる。

環境保全林について書かれたものの中には、この2つの段階を区別していないため、潜在自然植生以外の構成種をどう扱うかとか、低木や草本植物を補植するかどうかなどを議論しているが、これらは第1期後半から対応すればよいことである。第1期前半はあくまで「環境を保全するための樹林」の造成に専念すべきである。

この本で提唱している「環境を守る森」はどちらかというとこの第1期に相当する森の呼び名である。

環境保全林の自然回帰への尺度は、今までは植栽樹種の生長（樹高、胸高直径、葉張りなど）具合を主体に何年経つと、どれくらいの大きさに成長したというように評価されていた。そのようなデータは必要ではあるが、環境保全林の最終到達目標が鎮守の森であるなら、それとの隔たり具合についての評価も必要である。その尺度としては種類組成や生活型組成を利用して比較することが可能である。潜在自然植生の構成種や外来種の割合などを指標とすることもできる。特に第1期の後半になったら、最終到達目標を意識することが大事であろう。1970～80年代に造成された環境保全林が、その時期に入りつつある。

6　環境保全林の問題点

著者の一人が1970年代に環境保全林に関わってから古いところではすでに40年の歳月が過ぎている。植栽当時1m未満であった潜在自然植生の主要高木種の苗木は、現在では樹高15mを超え、幹の太さも直径30cmになっている。遠くから見ると、こんもりとした鎮守の森に類似した樹林となっている。防音や防塵などのさまざまな環境保全機能を発揮し、第1期環境保全林で目的とした役割を果たしている。

そろそろ最終到達目標である多様性に富んだ鎮守の森へと進化すべき第2期環境保全林の時代となりつつあるので、その準備をする時期でもある。

今までにも問題になっていた階層構造の未分化の解消や、潜在自然植生の構成種である低木や草本植物の侵入・定着を促進させ、複雑な構造をもつ多様性の高い樹林への移行である。

(1) 階層の分化を促進させる

競争力のほぼ等しい潜在自然植生の高木種が高密度に植栽されるため、林冠《りんかん》上部にのみ葉層が作られ、亜高木層や低木層には葉層が形成されにくい。そのため垂直方向への葉群の発達がかんばしくなく、樹林の厚みが形成されにくく、林内が見通せるような状態となる(図1・2)。

これを解決するには、潜在自然植生構成種の亜高木や低木になる苗木を補植する方法もある。しか

図1.2　造成から17年後の1993年当時の横浜の環境保全林の林内の様子（原田敦子氏原図）

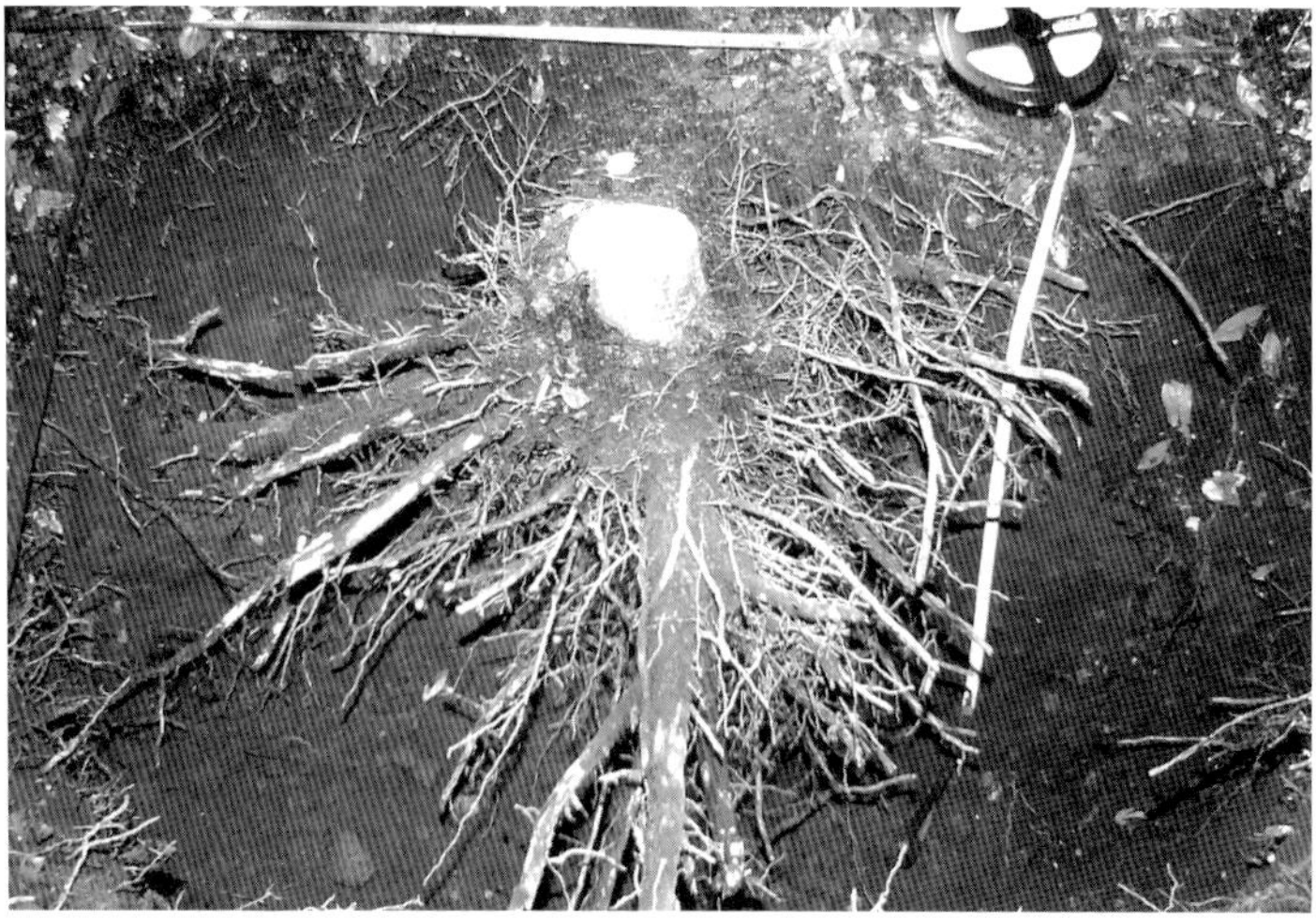

写真1.14　タブノキの根系（千葉県袖ヶ浦市）

し、補植するにはコストもかかるので実施された例は聞かない。もう20年も前のことになるが、環境保全林を立木密度の40％を間伐したところで調査をしたことがある。

伐採した樹木のほとんどが根際付近から萌芽し、再生を始めている。萌芽する本数は種によって異なり、例えばタブノキでは最大4本を越えることはなく、1～2本の場合が多い。一方、ホルトノキでは平均9本も伸長し（**写真1・15**）、またウバメガシでは束状にまとまって萌芽し、一束が10本を越えている。現在のところ樹種による伸長量の差は認められていない。これらの萌芽枝のうち何本かが順調に生長すれば、樹林の階層の分化を促進することになる。そうなれば環境を守る森の奥深くまで見通せるようなこともなくなり、多層化した環境保全機能の高い樹林となり、一歩鎮守の森に近づくことができるのだが。

写真 1.15　ホルトノキの萌芽枝（川崎市）

(2) 林床草本植物の発達を促す

一般に常緑広葉樹林の林床は暗く、林床植物の生育には適さないところが多い。これに加えて環境

写真1.16　間伐後に出現したキンラン(川崎市)

保全林の林床には未分解の常緑落葉が厚く堆積しているため草本植物の侵入・定着を許さない環境となっている。未分解の落葉の除去も必要となろう。因みに間伐後に林床に日光が射し込むようになり、キンランやササバギンランなどのラン科植物が生育するようになった環境保全林もある(写真1・16)。

間伐、補植、落葉の除去など検討してみる価値がありそうである。

●コラム３　題名にない環境保全林

環境保全林の提唱者である宮脇先生が書かれた書物の中に「環境保全林」についての記述は数多くみられるが、環境保全林を書物の題名にしたものは１つもない。これについて先生にうかがったことがないので推測にすぎないが、先生は「環境保全林」を単に「環境を保全する樹林」だけではなく、鎮守の森で代表される「ふるさとの森」や「いのちの森」への進化を意識されていたのではないかと思っている。そのために途上にある「環境保全林」を本の題名に選ばなかったのではないかと勝手に想像している。

因みに、市販されている書籍の中で「環境保全林」と書名がついているのは、『環境保全林　都市に造成された樹林のつくりとはたらき』（原田・石川 2014、東海大学出版部）だけのようである。

この本の内容は、第１章「環境保全林の必要性」、第２章「間伐が環境保全林に及ぼす影響」、第３章「環境保全林のリターフォール」、第４章「環境保全林における落葉の分解」、第５章「環境保全林の煤塵捕集機能」、第６章「環境保全林の防音・減音機能」、第７章「環境保全林の温度緩和機能」、第８章「植物相と鳥類相からみた環境保全林の自然回復評価」、第９章「土壌動物による環境保全林の自然性評価」、付録「環境保全林における二酸化炭素の固定機能」である。

環境保全林の名がついた本

第2章　環境保全林づくりの手法

環境保全林づくりは、１９７０年代、当時開発が急速に進んでいた日本の都市・産業立地の緑化事業で注目されはじめた。当初は、公害・地元対策をねらいとした企業の森づくりが中心であったが、近年は、身近な居住環境を守ることに力点を置いた市民主導の森づくりが各地で展開されてきている。本章では、環境保全林づくりの手法や課題をとりあげながら、一連の作業について順を追って紹介し、読者のみなさんを森づくりの世界へいざなおう（図２・１）。

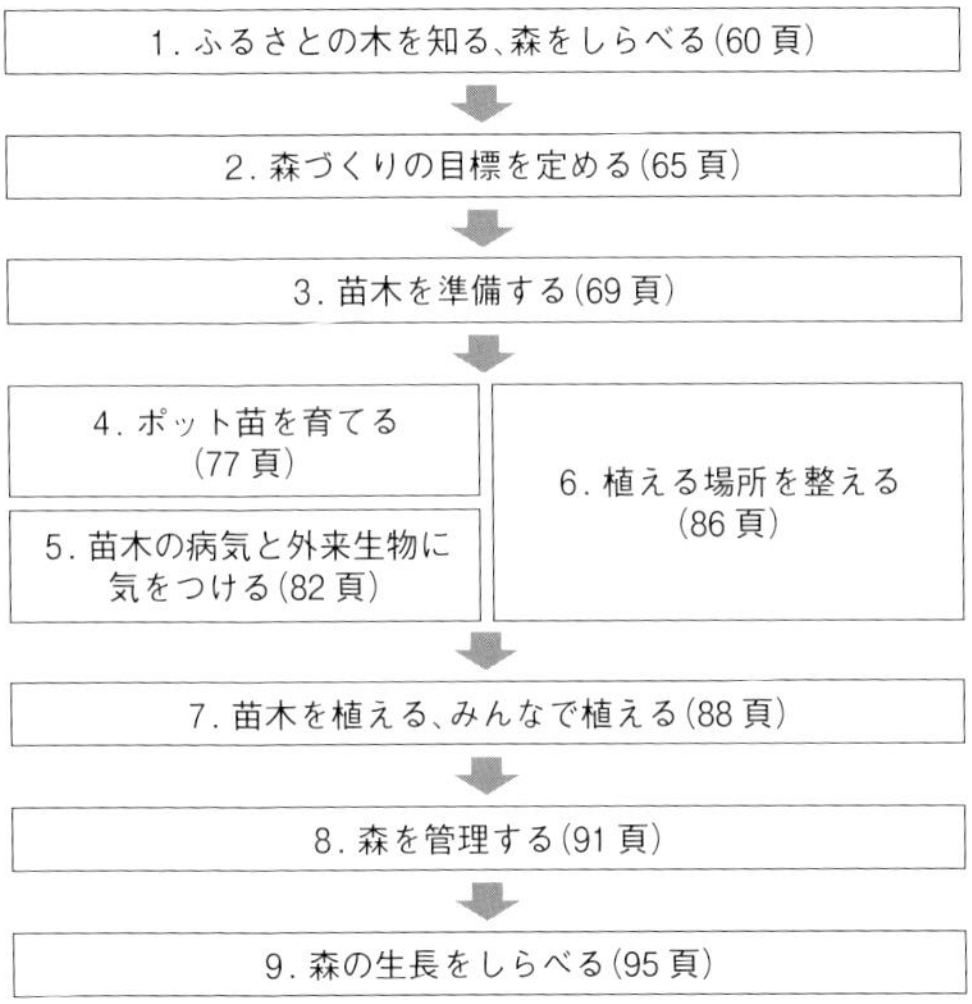

図2.1　環境保全林づくりの作業の流れ

1　ふるさとの木を知る、森をしらべる

環境保全林をつくるにあたって、はじめに問題になるのは、植える木の種類（樹種）の選定である。大事なことは、「ただやみくもに木を選び、植えたのではダメ」ということである。そもそも、植えた木々に環境を守ってもらうことを期待する訳だから、それらの木々が弱々しくては話にならない。つまり、病気に強く健全で、強風や火災などのかく乱にもよく耐え、その土地になじみしっかりと枝・葉・根を張り、鬱蒼《うっそう》と生い茂ることができる樹種を選び出すことが大事である。

こうした樹種を適切に選び出すためには、まず、森に出かけることをお勧めする。木の名前や森の知識に自信がない場合には、専門家に頼んで同行してもらう。森づくりの場所がおおよそ決まっていたら、はじめは、その場所の周辺にある森に出かけてみる。森は、その土地の自然条件を反映して、様々な姿・形をしている。自然条件とは、具体的には、土壌、地形、気候などである。自然条件だけではなく、そこには多くの場合、人の影響も少なからず関係している。

まず、どのような場所に、どのような木々が生えているか、注目してみる。長い間、人の手が入っていない自然度の高い森林（＝自然林）を探し出せれば幸運である。なぜなら、そうした自然林の中には、環境保全林にふさわしい樹種がたくさん見つかるからである。しかし、私たちが暮らしている都市・人里近くの森の大半は、植林や二次林であるため、自然林に出会うことは容易ではない。そこで、自然林が見つからなかった場合は、社寺や祠の周りにある森に注目してみる。理想的には、木々が

鬱蒼と生い茂っているものがよい。それらが見あたらなければ、家屋の周囲に植えられた屋敷林でもよい。そして、適当な森・林を見つけたら、主役の木に注目してみる。「主役の木」とは、背丈の高い木や最上層を広く占めている木のことである。木々の生えている環境もわかる範囲でしらべておく。例えば、「土壌の状態」、「風当たり」、「土地の傾斜・方位」、「海抜」、「一緒に生えている植物」などに注目するとよい。

森でしらべたことをきちんと記録しておくことも大切だ。その際には、植物社会学の分野でよく使われている植生調査手法（宮脇 1977、奥田 1999など）が役に立つ。具体的には、特定範囲の森の中に出現するすべての維管束植物の種類名とその量的尺度（優占度・群度）を森の階層ごと、種ごとに記録していく。なお、優占度とは、それぞれの植物種の枝葉がどのくらいの面積を覆っているのかをはかる尺度のことで、一般に6段階の区分（5～1と＋）を使って目測で判定される。例えば、ある植物種が調査面積の4分の3以上を占めている場合は「優占度5」、10分の1以下の場合は「優占度1（個体数が少ない場合は＋）」とする。群度というのは、枝葉を含めた、個体の集合状態を表すための5段階の尺度のことである。個体が互いに接して大群生状（カーペット状）になっている場合は「群度5」、孤立して生えている場合は「群度1」となる。

調査項目があらかじめ記載された調査票（図2・2）を使うと便利であるが、調査票がなければ、野帳などに記録する。この調査手法から得られる記録資料（図2・2）のことを「みどりの戸籍簿」と呼ぶことがある。日本では、おもに1960年代から、植物社会学の調査・研究が盛んに行われている。

Name of community ＿＿＿＿ Country ＿＿＿＿
Relevé no. 7 Date 2012 . 11 . 1 Location 神奈川県横須賀市佐島（天神島）
Surveyor: 矢ケ崎朋樹
T1 15 m 90 % T0 m %
T2 10 m 20 % H1 m %
S 4 m 20 % H2 m %
H 1 m 15 % Latitude ° ′ ″
M - m - % Longitude ° ′ ″
Altitude 3 m Aspect & slope L
Quadrat size 10 × 15 m

Micro-topography & soil type: 褐色森林土
Landowner: 天満宮 Open-access: N/A
Zoning category of land-use & regulation: 天神島臨海自然教育園（横須賀市自然・人文博物館管理）
Type of maintenance: 保護区域、鎮守の森（天満宮）
Land/vegetation degradation & main causes 自然攪乱 Total number of species 26

D.&S.	Official Common/Scientific/Local Name (Dialect)	D.&S.	Official Common/Scientific/Local Name (Dialect)
T1		H	
5.5	タブノキ	2.2	キヅタ
1.1	ヒメユズリハ	1.1	ヤツデ
+	ナツヅタ	+	トベラ
1.1	エノキ	+	シュロ
		+	シロダモ
		+	タブノキ
		+	オオバグミ
		+	ツルオオバマサキ
T2		+	イヌビワ
2.2	ヤブツバキ	+	ソテツ
1.1	シロダモ	+	ミツバアケビ
1.1	スダジイ	+	ヤブガラシ
1.1	タブノキ	+	アオキ
+	ナツヅタ	+	ヤブラン
+	キヅタ	+	アオツヅラフジ
		+	ナツヅタ
		+	フウトウカズラ
		+	ヤマグワ
		+	シャリンバイ
S		+	ネズミモチ
2.2	イヌビワ		
+	カクレミノ		
1.1	ヤブニッケイ		
+	ツルオオバマサキ		
+	アオキ		
+	ヤツデ		
+	ヤブツバキ		
+	トベラ		
+	シュロ		

図 2.2　鎮守の森の記録資料（調査票）の例

そのおかげで、全国各地の「みどりの戸籍簿」がたくさん蓄積されている。自分がしらべたい地域で満足のいく自然林や社寺林が見つからなければ、先人がしらべてくれた「みどりの戸籍簿」をひも解いてみる。一般に、これら記録資料を地域ごとにまとめたものを「地域植生誌」とよんでいる。例えば、「〇〇の植生」とタイトルが付されている書がその代表的なものである。〇〇の部分には地域名や行政区名がつけられているものが多い。全国の自治体や大学の図書館、研究機関が地域植生誌を保有していることがあるので、利用可能なものを探してみる。なかには、古書店で販売されているものもある。

環境保全林づくりにおいて目標とされるのは、その土地に古くからある、人の手の入っていない自然林、または、人の手があまり加わっていない準自然林である。しかし、住宅・工場・商業施設の密集地帯のように、コンクリート・アスファルトに広く覆われている地域では、自然林・準自然林はほとんど残っておらず、目標植生を定めるための手がかりとなる植生情報さえ欠いていることが多い。こうした場合には、広域市街化地域においてわずかながら残存する、主に孤立木によって構成される断片的な緑地に着目してみる。そして、立木や下生えの種組成、地域分布などの植生情報を集め、その土地に成立し得る自然林とは本来、いったいどんな森林なのかを考えてみる（図2・3）。

福井平野の断片的緑地116か所を調べた結果（矢ケ崎ほか2003）では、スダジイ、タブノキ、シラカシなどの常緑広葉樹林（自然林）の主要構成種が緑地内に生育していることが確認されている。緑地を構成している主要樹種と分布の関係に注目してみると、タブノキやスダジイが出現する緑地は

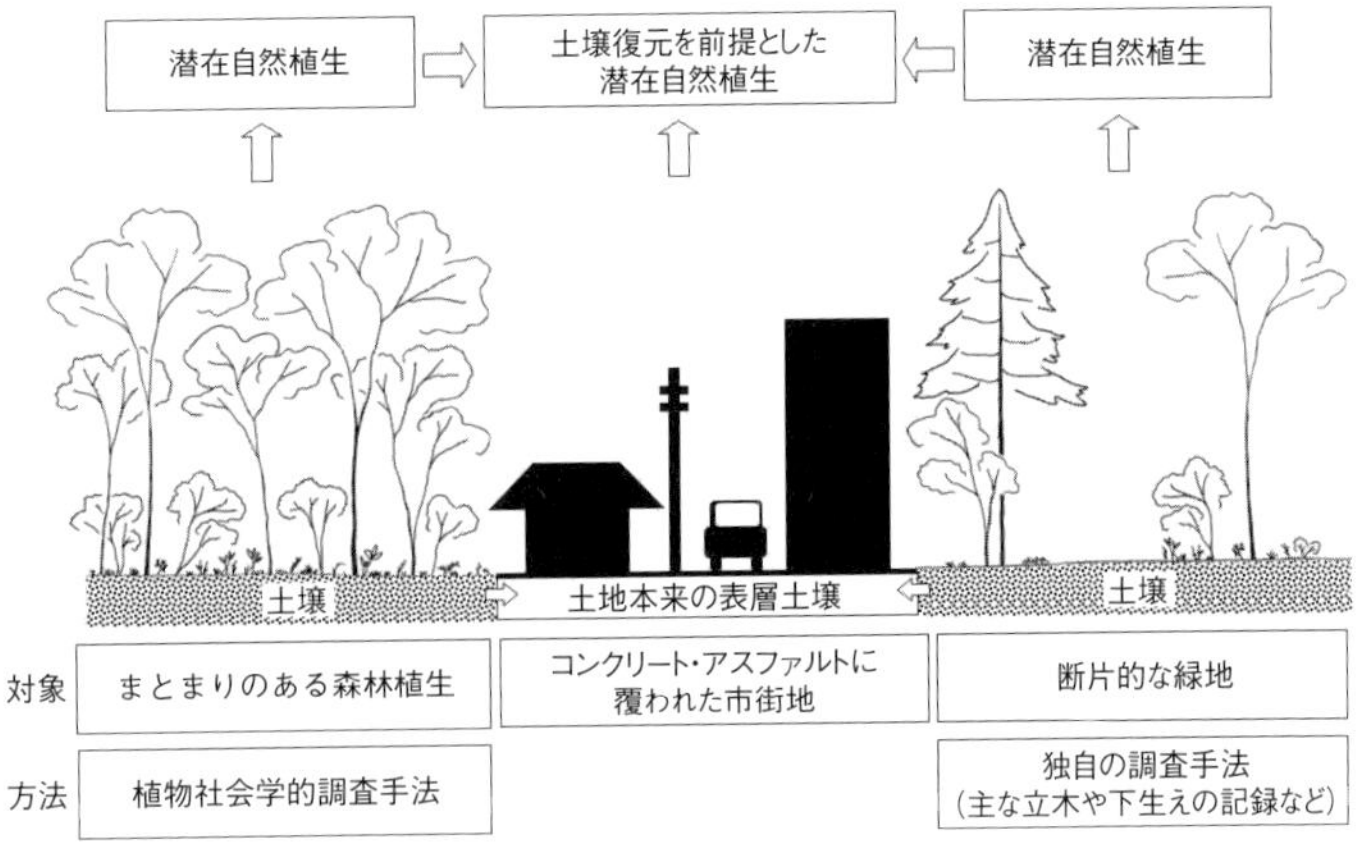

図 2.3　地域の自然植生をしらべるための調査方法とその対象（イメージ）（矢ケ崎ほか 2003 改変）

沿岸部で見られる一方で、より内陸部では、タブノキ・スダジイを欠き、代わってシラカシ・モミが出現する緑地が見られる。こうした傾向は、福井平野の沿岸部から内陸部にかけての気温逓減《ていげん》に沿った自然林の配列（シイ・タブ林→カシ林）を反映していると考えられる。

　生垣を構成する樹種も地域によって変化に富み、地方特有の気候・風土にしたがって、生垣もその姿・形（種組成・構造）が変わってくる。例えば、奄美諸島の比較的古い集落の生垣を対象に植生学的調査を行った奥田・中村（1988）は、生垣群と潜在自然植生との間に明確な対応性があることを認めている。つまり、「生垣に植えられた樹木がその土地の自然植生の構成種と共通しているものが多く、当該地の潜在自然植生を反映している」という。

　以上の研究からわかることは、地域の自然林を知る重要な手がかりは、何も自然度の高い植生だけにある訳ではない、ということである。人の影響を多く受けている市街地の断片的な緑地でもその手がかりを見出せる可能性がある。こうした小さな緑地も見逃さず、コツコツとしらべることが必要となる。

森の調査は、立ち入り可能な範囲内で行うようにする。人の立ち入りを禁止している場所もあるため、森に分け入り調べる際は注意する。とくに、社寺などが管理する「鎮守の森」は外部の者の立ち入りを禁止している場合が多い。屋敷林は居住地・庭の一部であり、無断で立ち入ると不法侵入にもなり得る。公共の土地でも、行政や地域コミュニティが森の管理方法を定めていることがあるため、注意が必要である。森の調査は必ず法令・マナーを守って行うようにする。

2　森づくりの目標を定める

保全・管理の作業を通して最終的に育成したい植生のことを「目標植生」という。環境保全林づくりでは、あらかじめ「どんな森をめざすのか」を具体的に明らかにしておくことが重要となる。そのために、まず、「森づくりのねらい」をはっきりさせておく。これから育てていく未来の森に何を期待するかを考える。ひとこと〝環境保全〟といっても、その中身は様々である。例えば、①日射を和らげること、②視界をさえぎること、③土が流れるのを防ぐこと、④斜面が崩れるのを防ぐこと、⑤強風を防ぐこと、⑥砂や塵・埃が舞うのを防ぐこと、⑦騒音をやわらげる、などがあげられる。いずれも環境保全にまつわる大事なねらいである。必ずしも、ねらいをひとつに絞り込む必要はない。一般に、これまでの環境保全林づくりでは、複数のねらいを定めて実践されてきたものが多い。

いずれのねらいにしても、森に将来の環境を守ってもらう訳だから、はじめに植える樹種はかく乱によく耐え、他種との生存競争に勝ち得るものでなければならない。環境保全林づくりでは、こうした樹種を見つけ出す際、その土地の自然林に注目する。なぜなら、長い時間をかけて成熟・安定した自然林が環境保全機能を高く有するとみなしているからである。1970年代から国内各地で実践されてきた環境保全林づくりの事例では、その土地の潜在自然植生の主要構成種を植えることにより、森林生態系の回復・再生が図られている。その指導に尽力されている宮脇昭博士はこの早期樹林化により目指される再生林のことを「Quasi-native forests」(宮脇ほか1993)と呼んでいる。「Quasi-」とはあまり聞きなれない言葉であるが、「類似の、擬似の」とか「準~」と訳される。つまり、環境保全林づくりは、環境保全面でより機能性の高い「自然林」を目標にかかげ、その自然林をまねた「擬似自然林」をいちはやく育てようとする取り組みである。

では、どのようにして目標植生が具体的に掲げられ、環境保全林づくりが実践されてきたか、3つの例を挙げてみたい。

はじめに紹介するのは、環境保全林づくりのさきがけの地、横浜国立大学(横浜市保土ヶ谷区)である。ここで目標植生に定められたのは、スダジイ林やシラカシ林などの常緑広葉樹林である。目標植生を定めるにあたっては、横浜市内の植生に関する研究の成果が生かされている。横浜市発行の「横浜市の植生」(宮脇ほか1972)はその主たる成果で、当時の市内全域の自然植生が記載されている。

これを参考に植樹は1976年から1980年にかけて行われ、スダジイ林やシラカシ林の主要構成種であるスダジイ、タブノキ、アラカシ、シラカシなどと共にクスノキが植えられている。それらはその後40年近く経過した時点で、十数mの高さの鬱蒼とした樹林となっている。現在、この樹林は、市内に自生する常緑広葉樹林と比べると種組成や群落構造が未発達であるが、毎年の生長を通して、目標植生に向けての原型が形成されつつある。

〝環境保全林〟と聞くと、夏も冬も一年中緑の葉をつけている常緑広葉樹の森をイメージする方が多いと思われるが、実際には、常緑広葉樹林以外の森林が目標植生になる場合もある。日本の常緑広葉樹林は関東以西にその分布の中心があり、高緯度、高標高域に行くと気候的な分布限界となる。タブノキ、スダジイ、カシ類などの常緑広葉樹が気候的に生育しにくい冷涼な地域（冷温帯、山地帯）では、それらの常緑広葉樹にかわって、ブナ、イヌブナ、ミズナラなどの落葉広葉樹（夏緑広葉樹）が自然林の主役になる。これまで、日本の環境保全林づくりはおもに常緑広葉樹林帯（暖温帯、低山帯）で実践されてきたため、「環境保全林＝常緑広葉樹林」という印象が強いが、より冷涼な地域で常緑広葉樹以外の樹種を植えた実践例も知られている。

例えば、栃木県日光市足尾町の一角では、環境修復をねらいとした森林再生活動の一環として、ミズナラなどの夏緑広葉樹が植栽されている。足尾と言えば、誰もが知る公害の原点の地である。同県西部に位置する足尾・松木川流域の植生は長く煙害、森林伐採などの銅山開発の影響を受け、その荒廃と修復の歴史は、1610年の銅山発見から数えると数百年にもおよぶ。その足尾銅山跡地周辺で

写真 2.1　森林再生・環境修復への挑戦がつづく足尾・臼沢の森（栃木県日光市）

植生を調べた佐々木（1986）は、当時の現地調査結果に基づき4つの異なる立地に対応した遷移系列を考察し、岩石の風化した土壌地の極相林を「イヌブナ・ミズナラ林」と判定している。その後、足尾では、クロマツ、ヤシャブシなどの先駆性の緑化適用樹種以外にも、ミズナラなどの在来広葉樹種を用いた植栽工が一部斜面地で採用され、成果をあげつつある。NPOが主体となって2005年から実施されている臼沢（標高850m～1000m）における森づくりの事例（写真2・1）では、一部の樹木は植樹後9年で高さおよそ7～8mに達し、密生した夏緑広葉樹林が形成されるまでに至っている（森びとプロジェクト委員会2015）。

また、栃木県那須塩原に位置する塩那道路（標高800～1100m）周辺の環境保全林づくりでは、コナラ、クヌギ、ブナ、ケヤキ、イロハモミジ、エゴノキなどの夏緑広葉樹が植栽され、その植栽後

10年間の生長が記録されている（宮脇ほか　１９９５）。それによると、「コナラとクヌギの生長が良く相観的にも森林と認識でき、10年目で樹高３～６ｍ、階層の分化が生じており、林床には多年生植物と先駆性の木本植物、少数ではあるが潜在自然植生（クリ－コナラ群集）の構成種が復元し始めている」と報じている。

3　苗木を準備する

ふるさとの森や木々を調べ、目標植生が定まったら、森づくりに必要な資材とその調達方法を検討する。その際、肝心なのが、苗木である。環境保全林づくりでは「樹種選定と苗木がかなめ」といわれるほど、苗木づくりには細心の注意が払われる。すべて購入苗で済まそうと思っても、希望の苗木が必ずしも手に入るとは限らない。そうした場合には、自分たちで苗木を育てることから取り組むことになる。苗木づくりから始める場合には、種子から苗木を育て植樹地に植えるまで、短くとも２～３年の準備期間が必要になる。

自分で苗木づくりに取り組む場合には、まずは「種ひろい」が必要になる。健全で成熟した地元の森から、できるだけ樹勢の良い大木を探し出す。街路樹や庭木など、明らかに植えられたものからは採種しないようにする。母樹《ぼじゅ》を見つけ、採種の適期までまだ時間があるようなら、日頃から木の様子をよく観察し、種ひろいのタイミングをはかる。それまでに、母樹の持ち主や敷地の所有者への連絡もあらかじめきちんと進めておく。種ひろいの作業では、つねに樹木の様子を観察しながら、種子の

表2.1　屋久島における野生樹木結実カレンダー

樹種名	1月	2月	3月	4月	5月	6月	7月	8月	9月	10月	11月	12月
ホルトノキ	○	○										
タブノキ						○						
ヤマモモ						○						
ヤクシマツバキ							○	○				
スダジイ										○		
マテバシイ										○		
モチノキ										○		
シャリンバイ										○		
ハマヒサカキ										○	○	○

成熟期を逃さず拾うのがコツである。この採種のタイミングを逃すと、次の結実期まで待たなければならない。1年待つのならまだ良い方で、樹種によっては、2年後、または数年後まで待たなければならないものもある。樹木は毎年結実するとは限らない。樹木の結実には、豊作・並作・凶作があったり、数年に1度しか開花・結実しないものがあったりする。筆者らの観察によると、タブノキ・スダジイ・ケヤキは、豊作年の翌年にはほとんど結実していない。これらはどうやら隔年で豊・凶が訪れるようだ。シラカシやアラカシは同じ株でも毎年良く結実している。落葉広葉樹のブナでは、「2~3年に1回結実があり、6~7年に1回豊作となる」(勝田ほか1999)と言われている。

結実の豊凶や地域差を抜きにして、樹種ごとの結実シーズンを大まかに把握するため、「野生樹木結実カレンダー」を作ってみる。**表2・1**は、屋久島の人里近くに見られる主な野生樹木を対象に、現地での観察や写真の記録を頼りに作成した結実カレンダーである。1年間のうちの、樹種ごとの結実の可能性が一目でわかり、種ひろいの参考情報として役立つ。カレンダーの結実期

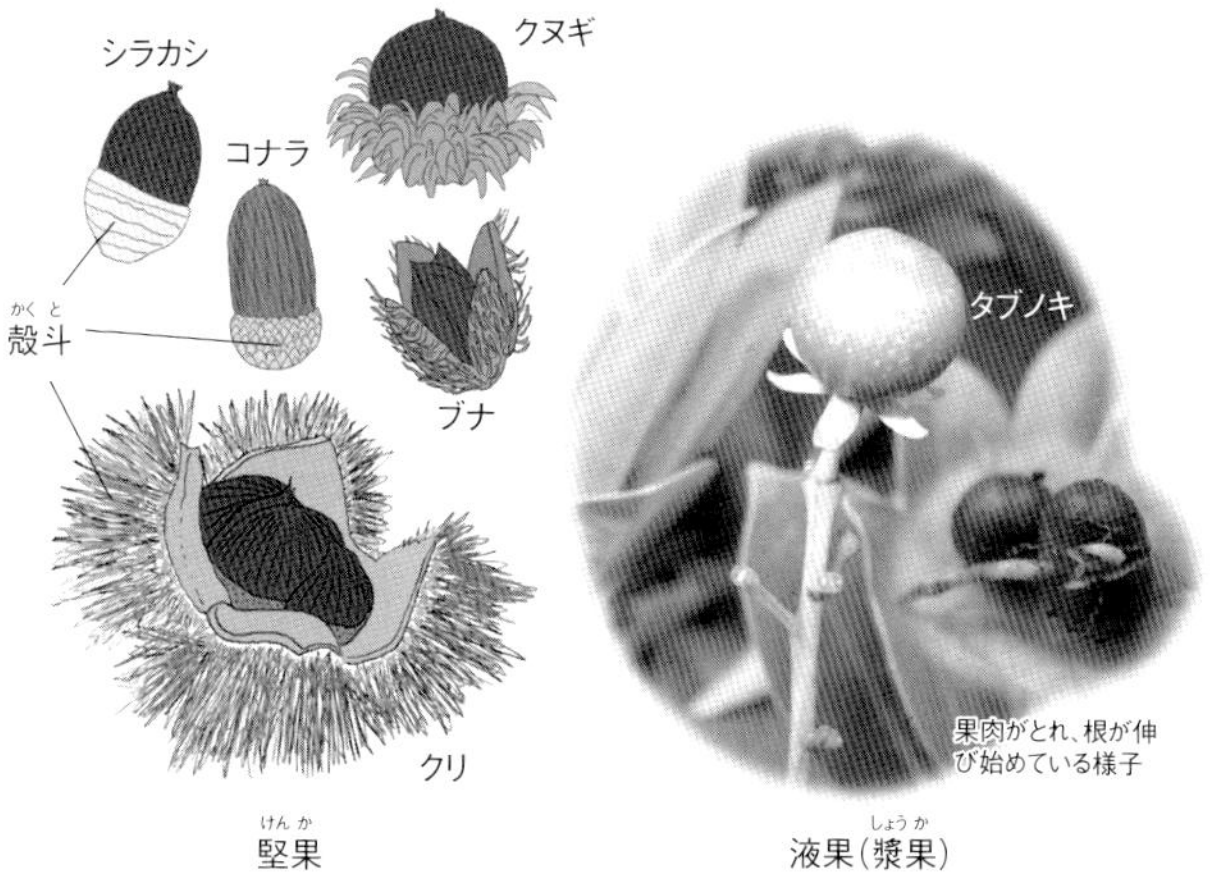

図2.4　いろいろな果実

と野外での実際の結実期が違うこともある。その場合は、現場での観察記録をもとに、カレンダーの情報を更新させていく。同様の記録を毎年行うことで、より精度の高いカレンダーが仕上がる。

種ひろいの際には、1株の母樹から大量の種子をとるよりも、できるだけ複数の母樹からとることを心がける。ただやみくもに拾うのではなく、樹種ごと、採取地ごと、あるいは母樹が特定できる場合は、拾った後でも母樹の識別ができるよう拾い分けておく。樹種によって異なるが、種子の含水率が低下すると発芽率が低くなることが知られており、注意が必要である。この場合、採取した種子は乾燥させないよう取り扱う。種子を集める際には、熟していないもの(しいな)や虫害を受けたものが含まれないよう、できるだけ種子の中がぎっしりつまった重いものを選ぶ。熟した種子・果実は野生動物にとっての貴重な餌資源でもある。人が拾う前に鳥や獣、昆虫などに喰われてしまうこともよくある。

ひとこと〝種子〟や〝果実〟といっても様々なタイプがある。図2・4は日本産樹木のうち、環境保全林づくりでよく採用される樹木の果実を表している。苗木づくりでの取り扱い方はそれぞれのタイプごとに異なるから注意する。

ここでは、いくつかの代表的な樹種をとりあげ、紹介しておく。

まずは、俗に〝どんぐり〟と呼ばれる果実（堅果《けんか》）である（図2・4左）。一般に、ブナ科の樹木のうち、コナラ属（シラカシ、アラカシ、コナラ、クヌギなど）、シイ属（スダジイ・コジイ）、マテバシイ属の果実を〝どんぐり〟と呼んでいる。これらどんぐりは、果実の中では比較的扱いやすい部類であるが、乾燥すると発芽力を失う（勝田ほか１９９９）ので注意する。常緑のシイ・カシ類の果実成熟期は樹種や地域によって若干異なるが、おおむね10～11月である。このころ、落下して間もないどんぐりを集め、乾燥させないようにして持ち帰り、すぐに苗床（土）に播く。播く前に数日間水に浸し、浮いた軽いものを取り除いてから播くとよい。水に浮くどんぐりは大抵中身が成熟していないか、虫に食われて発芽が期待できないものが含まれるため、そうしたものは始めから取り除いておく。苗床に用いる土は市販の園芸用培養土で十分であるが、苗を育てる場所の気候風土を考慮して土づくりから始めてもよい。一般的に、ポット苗づくりで用いられる用土では、通気性、透水性、保水力、保肥力に優れ、重量が軽いもの（相崎２０１０）がよいとされる。これに、適宜、肥料やその他資材を投入して培地をつくる。ただし、このとき、次のことにも注意が必要だ。腐葉土は団粒構造をつくる核になり、重要な用土用資材として利用されるが、病害虫をもつことがある（相崎２０１０）。病気や害虫に侵されやすい苗木を育てる際には、その取り扱いに注意する。

苗床における播種の仕方は、底に穴の空いた育苗トレイにどんぐりを多量に播く場合と、ポリエチレン製の育苗ポット（径10㎝前後）にどんぐりをひとつずつ播く場合とがある。２つの方法にはそれなりの長所と短所がある。育苗トレイに播く方法のメリットは、育苗資材（土やスペース）が節約できることである。播種したどんぐりすべてが発芽してくれれば嬉しいのだが、なかなかそうはいかない。中には途中で死んでしまうものが出てくる。そこで、いったん大きめのトレイ（例えば、サイズ35×50㎝、深さ10㎝程度）にどんぐりを播き、その中から着実に発芽・生長したものを選び出し、それらを別の苗床（ポット）に移し替え、効率よく育てる訳である。ただし、トレイの上で発芽した苗をポットにひとつひとつ植えかえる作業（鉢上げ）が加わるため、その分手間がかかる。そこで、この鉢上げ作業を省略するため、最初からどんぐりを育苗ポットにひとつずつ播く方法もある。どちらが良いかは、扱う苗の量や作業環境を考えて決める。いずれにしても、苗床にどんぐりを播く際には、どんぐりを土中深くまで埋めないようにする。どんぐりを横に寝かし、どんぐりの表面がうっすら見えかくれするくらいに土を被せておくのが丁度よい。その上に、土の表面が乾燥しないよう、適当な長さに刻んだ稲わらなどを被せておく。秋～初冬に播いたシイ・カシ類のどんぐりは、順調に行けば翌年の晩春（5～6月）には高さ10㎝前後、本葉2～3枚をつけるところまで生長する（写真２・２）。鉢上げは、ちょうどこのころを目途に行うとよい。育苗中のトレイやポット苗については、「樹種」、「採種地（ま

写真 2.2　播種より 8 か月が経過したアカガシの幼苗

写真 2.3　播種より 2 か月が経過したタブノキの幼苗

たは母樹）」、「採種年月日」がつねにわかるよう、情報管理も同時にしておく。苗木の出所（産地情報）は苗木の品質に関わる重要なポイントである。

次に紹介するのはタブノキである。タブノキはシイ・カシ類とならぶ、日本の常緑広葉樹林を構成する代表的な樹種である。しかし、その形態・生態はシイ・カシ類のそれと比べてかなり違っている。まず、大きな違いは果実に見られる。タブノキの果実は「液果」または「漿果《しょうか》」といって、果実の皮の部分に水分を多く含み、成熟してやわらかくなった果肉が硬い種子のまわりを包みこんでいる（図2・4、71頁）。ブドウやトマトの果実も同じ「液果」に区分されるから、どんな果実かはイメージしやすいだろう。タブノキの果実は径10～12㎜程度で、実の表面は始め緑色、後に黒紫色に熟す。成熟期は、どんぐりの場合と大きく異なり、おおむね本州で7～8月、南に行けば行くほど早まり、屋久島では6月に成熟期をむかえる。沖縄で4～5月（勝田ほか 1999）という記録もある。タブノキの種子はどんぐりと同じく乾燥に弱いので、枝についた成熟果実を直接つみ取るか、地面に落下して間もないものを拾うようにする。それらを乾燥させないようにして持ち帰り、バケツに入れた水の中で果肉を取り除いてからすぐに苗床（土）に播く。播く際は、どんぐりの扱い方と同じで土中深くまで埋めないようにする。タブノキの成熟種子は条件の良いところではすぐに発芽し、順調に行けば播種後2か月程度で高さ10㎝前後、本葉2～5枚をつけるところまで生長する（写真2・3）。鉢上げは、このころを目途に行うとよい。

どんぐりとタブノキについて、採種から播種に至る一般的な方法を紹介してきたが、もちろん実務

●コラム４　「芹澤家のヤマモモ」との出会い

三浦市初声町和田に、推定樹齢600年、知る人ぞ知るヤマモモの大木がある。三浦市の保存樹木に指定されているこの大木は「芹澤家のヤマモモ」と称され、所有者の芹澤さんが永く代々守ってこられたものである。かつて神奈川県内で荒廃地修復の仕事にたずさわっていた折、ふるさとの巨樹・巨木の種子を拾って「地元の森を育むための苗木を作れないか」と考えていたことがある。そうした矢先、その「芹澤家のヤマモモ」の近くを通り木を見上げると、赤く熟した果実が枝もたわわに実っているのだ。早速、芹澤さんに連絡を取って事情を説明し、果実の収穫を快諾いただいた。

果実収穫当日、仕事仲間ら大勢で道路脇に落ちた果実を拾っていると、農作業から戻ってきた芹澤さんご夫妻が私たちに声をかけてくれ、ヤマモモにまつわる色々な話をしてくれた。「ヤマモモには雌の木と雄の木があって、両方がいなければ実ができない。実の大きさは年々小さくなっている。まわりで雄の木がどんどん切られて無くなっていて、ひょっとしたらそのせいかもしれないな。」──まさにヤマモモの木を永く守ってこられた方ならではの知見である。

最近は、この木の保存をめぐる環境も決して良好ではないようだ。未来の森づくりのために、優良な苗木を今後育てていくためにも、いまある「母なる樹」、「父なる樹」を守ることにも目を向けていく必要がある。

実をつけた「芹澤家のヤマモモ」

の世界はこの限りではない。このほかにも、より効率的に、より確実に、様々な樹種の良質苗を育てるための工夫が知られている。さらに詳細を知りたい読者には、専門書をひも解くことをお勧めする。

4　ポット苗を育てる

国内に流通している樹木苗には、その作り方・仕立て方の違いにより様々な呼び方がある。環境保全林づくりで一般的に採用されているのは、ポリエチレン製の育苗ポット（多くは径10㎝前後）を使って実生苗を育てる方法である。その方法で育てられた樹木苗のことを一般に「ポット苗」と呼んでいる。ポット苗には、軽くて持ち運びしやすく、現地生産が可能であるなど、取り扱い上の大きな利点がある。現地生産は近年とくに重要視されている点で、宮脇ほか（1995）は「現地で生産された苗の方がより望ましい」と述べている。なお、ポット苗の利点として、①ポットに根を蓄えるため、根を痛めることがない、②活着率が高い、③年間の伸長率が高い、④支柱が必要ない、⑤移植時期を選ばない、などがあげられている（宮脇ほか1983）。

その一方で、狭く限られた空間（ポット）の中でしか根系が広がらないため（写真2・4）、ルーピングといわれる根がうずまく現象（川口ほか2004）が起こり、これを問題視する技術者もいる。近年は、このルーピング現象を極力回避しながら、より良質な苗を育て上げるための技術開発も進んでいる。

ちなみに、ポット苗を植えて30～40年が経過した環境保全林を目にするが、樹林の生長に深刻な影響

写真2.4　ポット苗における根系発達の例(ウラジロガシ)

をもたらすようなルーピング現象にからむ問題はいまのところ聞こえてこない。

良質苗の判断基準は、次の①〜⑧(宮脇ほか1983)に、新たな知見(⑨と⑩)を加えている。

①主幹が真直に伸長している。
②枝葉が適度に繁茂している。
③剪定されていない。
④葉や新梢の色つやが良い。
⑤病害虫におかされていない。
⑥根群がポットの中に充満している。
⑦主根や側根が切断されていない。
⑧樹姿が整っている。
⑨特定外来生物およびその他、生態系に悪影響を及ぼす生物が付随していない。
⑩採種地、育苗地の情報がきちんと備わっている。

以上の基準からもわかるように、良質苗をつくるためには圃場（苗畑）の管理を怠ってはならない。圃場を新しく設ける場合には、その場所が「苗木にとって適切な気候風土であるか」、「生態系に悪影響を及ぼす外来生物などが生育・生息していないか」など、細かい点に気を配る必要がある。

苗木を育てる場所が決まったら、次に重要なのは「水やり」と「病虫害対策」である。専門技術者の間では、「土地の気候風土を考慮して、適切な水やりを心得るまでに数年はかかる」という声もあるくらいだから、決して軽視はできない。5～6日間水やりせずに放っておいただけで、いままで順調に育っていた苗木の大半を枯らしてしまうこともある。逆に、水をやりすぎて根腐れを誘発し、苗を生育不良に至らしめることもある。

苗の病気や虫害にもつねに注意が必要である。一般に、育苗中に発生する病気には菌類（カビ類など）が誘発するものが多い。このため、とくに、病気が多発する雨の多い季節では、圃場内の風通しを良くしたり、苗木が密集して風通しが悪くならないよう苗の配置換えをするなど、対策が必要となる。万が一、苗木に病気が発生した場合には、他の苗木に病気が伝播・蔓延しないよう迅速に対処する。病虫害対策の鉄則は「早期発見、早期除去」である。病気に侵された葉や枝の部分（病巣）は速やかに摘み取り、焼却して処分する。摘み取った病巣の部分を焼却せずに周囲に捨てたりすると、そこに病原体が生き残り、新たな病巣となって周囲に伝染・蔓延する原因となる。

環境保全林づくりでは、一般に、播種から2～3年経過した幼苗を植栽予定地に植える。樹種にもよるが、順調にいけばこの頃には、苗は30～50㎝程度の高さに生長している。この間、苗木の生育状況を細かに観察しながら、つねに全体に目をくばり、状況に応じてすばやく対処することが必要になる。

とくに、ポット苗は、生長に必要なすべての水分・養分を小さなポットの土から得ている。苗木をめぐる光、水分・養分、温度環境のいずれかに不具合が生じれば、苗木にはそれなりの変化があらわれる。その変化をシグナルとして受け止め、すみやかに改善につなげられるか否かが苗木の品質を大きく左右する。例えば、常緑広葉樹の苗木にあらわれやすいシグナルには、葉の黄化現象や幹先端部の枯死現象などがある。こうした場合は「養分が欠乏していないか」、「水をやりすぎて根腐れをおこしていないか」など、これまでの育苗・管理方法を振り返り、適宜見なおす必要が出てくる。そのために、水やり・施肥の回数や量、圃場の気温、光具合など、育苗・管理作業の内容を日頃から記録しておく。1冊のノートにそれらの記録をまとめ、「育苗日誌」をつくっておくとよい。

苗木づくりでは「苗木(植物)のことさえ知っておけば事足りる」と思ったらそれは大間違いである。植物以外の生きものをはじめ、自然環境全般に関する知識が必要となってくる。苗木に起きるかもしれない病気の症状を目の前にして、それを「病気」と識別できなければ、その苗木には不幸がおとずれることになる。苗畑にいる昆虫を見て、それが苗木にとって益虫なのか害虫なのか、それとも生態系をかく乱する恐れのある外来生物なのか――ひとつ判断を誤れば、大事に至る可能性がある。病虫害を周囲に拡散・深刻化させ、生態系に悪影響を及ぼす事態もおきかねない。大事なことは、こうした事態がおきないよう、生物の識別力(同定力)や観察力をみがくことだ。良質の苗は、そうした日常

●コラム5　苗木の遺伝的地域性と長距離移動の問題

近年、生物におけるDNA(デオキシリボ核酸)の塩基配列を直接読み解くことが盛んになっている。樹木についても同様で、天然樹木集団の遺伝子情報の解析が進んだ結果、同じ在来広葉樹種の中でも遺伝的な地域性があることがわかってきた。そこで、最近になって、その遺伝的地域性をまもる観点から、樹木苗の無秩序な移動を避けるよう呼びかけがなされている(自然再生事業のための遺伝的多様性の評価技術を用いた植物の遺伝的ガイドラインに関する研究グループ 2011、津村・陶山 2015)。

こうした問題を背景に、屋久島鎮守の森を作る会(代表：坂東五郎氏)は、2009年から屋久島で始めた森づくりの活動において、苗木をすべて島内の母樹《ぼじゅ》から育て上げることにいち早く取り組んでいる。このとき、母樹の遺伝子情報は未知の状況であったが、島外・遠隔地から原産地不明の購入苗を持ち込むことに比べれば、はるかに先見性のある、生態系保全に配慮した取り組みである。実際の苗木づくりでは、島内で母樹を探し、種をひろい、圃場をつくり、毎日苗木に目を配るスタッフを配置し、多大な経費と労力が伴っていたようだ。とくに屋久島は、島嶼生態系特有の脆弱《ぜいじゃく》さや自然環境の固有さを理由に、生態系保全への要求が非常に強い土地柄である。その地で、地域性種苗の課題に果敢に取り組まれた坂東五郎・なおさんご夫妻には敬意を表したい。2013年4月に行われた同会主催の植樹では、島内で育てられたタブノキ、スダジイ、ウラジロガシ、マテバシイ、ホルトノキ、ヒメユズリハなど、全17種、計3,056本の苗木が植えられている。それらは、植樹後2年半が経過した時点で、一部では高さ2.5～3.0 mに達し、順調に生長している。屋久島における遺伝的地域性に配慮した森林再生活動のさきがけとして、この植樹地の森が今後ますます生長・発達していくことを期待してやまない。

屋久島産の苗木づくりが実践された圃場(鹿児島県屋久島)

の地道な鍛錬があってこそ育て上げられる。

5　苗木の病気と外来生物に気をつける

(1) タブノキさび病

苗木づくりでたいへん厄介なのは、苗木の病気との格闘である。かつて、屋久島で苗木づくりに協力していた際、現地の圃場から「なんだか苗木がおかしい」との連絡をもらったことがある。よくよく調べてみると、*Monosporidium machili* という担子菌類がもたらす「タブノキさび病」(堀江ほか2001)の症状に酷似している。葉には黄色い円形の斑紋が多数生じ、その葉裏側には細かな粒が密生し、そこから胞子が発生しているのがわかる(**写真2・5**)。主幹や枝にまで病巣が広がっている苗木もあり、罹病《りびょう》した箇所は膨れ上がり、変形・奇形も見られ痛々しい姿である。タブノキさび病は幼樹や苗木に発生しやすく(上住・西村1992)、九州地方での過去の発生記録(佐藤ほか2010)も見つかっている。すぐさまタブノキさび病の可能性を確信したのである。

このような事態をまねいてしまった場合には、病気のさらなる蔓延を防ぎ、駆逐することが急務である。すぐさま病気におかされた葉や枝の部分を摘み取るようにする。除去した罹病部分はすべて焼却して処分する。

屋久島で事なきを得ていま、改めて実感するのは、病害に対する初期診断技能の大切さである。最近は、樹木の病害に関する解説書(図鑑類)(堀江ほか2001)が鮮明な写真付きで刊行されている。

写真2.5　さび病に侵されたタブノキ葉の症例

植物を愛で親しむ者にとって樹木の罹病の姿を見るのは正直痛々しいが、こうした解説書を通して症状を日ごろから見る訓練をしておけば、万が一の際、大いに役に立つに違いない。

(2) 外来生物

数年前、屋久島にでかけたとき、ふと道路わきで町が設置した看板(写真2・6)をみたことがある。「ヤスデ発生地区により草木・堆肥・土砂等の持ち出しを禁止します」と書いてある。島人にたずねたら、たいへん厄介なヤスデらしく、島ではときに大発生するというのだ。そのヤスデの正体は、ヤンバルトサカヤスデという台湾原産の外来のヤスデである(写真2・7)。ヤンバルトサカヤスデは1983年に沖縄島で初記録され(比嘉・岸本1987)、以後、2002年に屋久島で発見された記録がある。体長25～30㎜ほどで、ときに大発生して道路・家屋へも徘徊する、悪臭をはなつ不快害虫だ。分布拡大様式

写真 2.6　町民に外来ヤスデの対策を呼びかける看板（鹿児島県屋久島）

写真 2.7　台湾原産の外来生物ヤンバルトサカヤスデ（鹿児島県屋久島）

は明らかとなっていないが、土、肥料、植物の鉢植えや農業・園芸用資材に混入して移動したのではないか（比嘉・岸本１９８７、石田・藤山２０１３）と考えられている。国内でいちはやくこの外来ヤスデが蔓延した鹿児島県では、「ヤンバルトサカヤスデまん延防止リーフレット」を作成し、「棲息地域からの根つき植物、鉢植え、堆肥、敷きわら、茅、芋づる等の持ち出しは極力避けること」や「それらをやむを得ず持ち出す場合、移動の前に薬剤や燻蒸《くんじょう》により処理すること」などを一般および事業者へ求めている。その影響は農業をはじめ、園芸業、建設業、観光業に至る多くの産業にまで広がっており、屋久島内でも終息どころか、さらに広範囲に影響が拡大しつつある。

この出来事を南方の暖かい地域に限った問題として、やり過ごす人がいるとすればそれは言語道断だ。実は、すでに、より北方のいくつかの地域でヤンバルトサカヤスデが侵入しており、２００５年神奈川県葉山町における大発生の記録（新島ほか２００５）をはじめ、東京都（八丈島）・静岡県・高知県での採集記録（飯田ほか２０１３）などが報じられている。日本各地の冬季の気温資料を用いて温度から見たヤンバルトサカヤスデの国内分布可能域を推定した藤山（２００９）は「太平洋側では関東まで、日本海側では福井県まで平野部を中心に生息可能」と推定し、今後の分布拡大について警鐘を鳴らしている。

近年、地球規模の気候変動による生態系への影響が懸念されており、温暖化にともなって南方系の外来生物がより北方へ分布拡大することも考えられる。そのため、この外来ヤスデの棲息域から遠く離れた地域でも、苗木や園芸資材の取り扱いには細心の注意を払わなければならない。環境保全のための森づくりのはずが、知らない間に苗木や物資と一緒に外来ヤスデを拡散させ、地域の生態系や産業活動を乱してしまっては台無しである。これからは、こうした小さな外来生物へも目を向けていく必要がある。

6 植える場所を整える

せっかく良質な苗木を育てても、それらを植える場所の準備が不十分であれば、それまでの努力が台無しになる。環境保全林づくりでは、多くの場合、苗木が健全に育っていくために必要な条件を勘案し、その条件を十分満たすようあらかじめ立地基盤(土壌、地形など)が整備される。一般に、この作業のことを「基盤整備」と呼んでいる。具体的には、植樹地の「土壌の状態」、「排水の善し悪し」、「地形(法面《のりめん》の形状)」などがあらかじめ精査され、これから植える苗木が健全に育つよう適宜、改良がほどこされる。例えば、地下水位が高く排水不良が見込まれる土地では、排水設備をほどこしたり、マウンドをつくったり、土壌や基盤材料を改良したりして土地が整えられる。植える場所の土が固ければ、苗木の根が入り込みやすくなるよう、重機または人力でやわらかくほぐされる(写真2・8)。最終的に、目標植生が成立している場所の土壌環境(土壌層位、土性、有機物含量)にできるだけ近づくよう整備される。平地でマウンドを形成する場合には、植栽基盤の中心から表面にむけて①心土、②下層土、③表層土が配置される(図2・5)。目標植生がタブノキやスダジイを主体とする常緑広葉樹林である場合には、マウンドの土が排水不良とならないよう改良が施される。一般的に、表層

写真2.8　植樹予定地における人力による基盤整備の例

剣スコップで土壌をやわらかく攪拌しながら、大きな岩を取り除いた。背後の森から腐葉土を採取し、植樹地にすき込み土壌改良を行った。

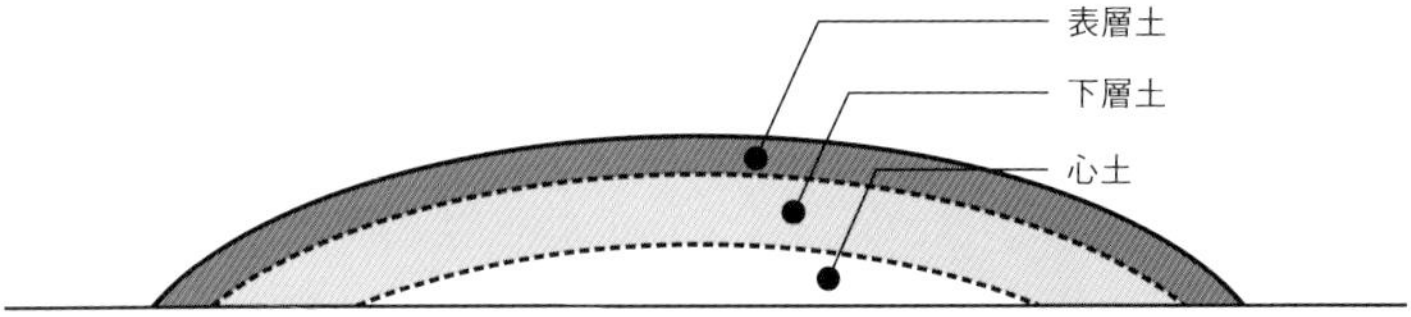

図2.5　平地における基盤整備（マウンドづくり）の模式（宮脇ほか 1983改変）

土は厚さ30cm以上、下層土は厚さ60cm以上（宮脇ほか1983）が望ましいとされる。これにより、ポット苗は植栽直後から速やかに根を張り、養分を得ることができるようになる。一方、斜面地での基盤整備は、平地に植える場合と比べてかなり手間と費用を要し、高度な施工技術（例えば、岡山県土木部1998、辛島1998）が駆使される。一般的には、斜面地に編柵工と客土が施され、その上にポット苗が植栽されるケースが多い。

基盤整備の方法は土木工学的な技術を必要とする作業であるから、決して一筋縄にはいかない。ベストな方法は、斜面の傾斜角、法面性状(切土/盛土)、表層地質などの違いによって必然的に変わってくる。状況に応じて専門技術者の協力が必要となる。

7　苗木を植える、みんなで植える

苗木を予定地に植える前には、苗木をひとつひとつ検品することも大切である。先に紹介した良質苗の判断基準(78頁)を参考に、苗木の外見をはじめ、いくつかのポットをはずして根の状態などを検査しておく。とくに、⑥と⑦の基準(78頁)は重要である。購入苗の場合でも、必ずしも基準をクリアした苗が届くとは限らないため注意する。このときにチェックしておいたことが、植樹後思わぬ場面で役に立つことがある。たとえば、万が一、植樹直後に樹木の生育不良が生じたときである。ただちに原因を究明する必要が出てくるが、その際、植樹地の今の環境が悪いのか、それとも苗木のうちから根が不良だったのか、判断が難しいことがある。そこで、植樹前に苗木の状態を検査しておくと、後の原因究明のための診断がしやすい。大量に苗木を扱う場合は手間がかかるが、植樹前の苗木の検品は欠かせない作業であるため、必ず行うようにする。

ポット苗を植えるときには、苗木の土の部分に水を十分含ませてから、ポリエチレン製のポットを苗木からはずし、根の部分がすっぽり入るくらいかそれよりもやや大きめの穴を掘り、そこに苗木をおいて土をかぶせていく。このとき、苗木の幹の部分と根の部分の境を見極めて、幹の部分が土の下深くまでもぐってしまわないよう注意する。ポット苗の土の表面が地面と同じくらいか、薄く土が被さっているくらいがちょうどよい。決して深植えしないのがポイントである。一般に、環境保全林づくりでは、植える木と木の間隔は60㎝程度、密度にすると1㎡あたり3～4本(宮脇ほか 1993)が標準である。林業で標準とされている植栽密度は、1㎡あたり針葉樹ではスギ0・3～0・5本、ヒノキ0・3～0・6本(戸田 2007)である。広葉樹では、造林目的により異なるが、一般に、ウバメガシ1・0本(尾形 1994)、コナラ0・3本以上(柳沢 1994)、ブナ0・4～1・0本(谷本 1994)、ケヤキ0・3～0・6本(山路 1994)とされている。このことから、環境保全林づくりでは一般的な造林事例よりも高密度に苗木を植えることになる。このことから、環境保全林づくりの方法は、植え方に注目して「密植法」とか、1種類に限らず複数の樹種を混ぜて植えることから「混植密植法」と呼ばれる。この「混植密植法」は、少しおもむきは異なるが、日本の生垣づくりにも共通する点がある(写真2・9)。

すべての苗木を植え終わったら、土の表面が乾燥しないよう稲わらや萱によるマルチ(土壌被覆材)を施す。この有機質のマルチには、土の飛散防止のほか、将来の土の団粒構造を作る核としての役割や、遅効性肥料としての役目もある。さらに、施したマルチが強風で飛ばされないよう、植樹地の周囲に木杭・竹杭を打ち、稲わらロープで押さえつける。一通りの植樹作業を終えると、写真2・10のようになる。苗木の植え方はひとたび教われば簡単なので、植樹作業では大人から子供まで、植樹の素人でも広く参加できる(写真2・11)。ポット苗も扱いやすいことから、「植樹祭」と銘打って広く市

写真 2.9　多様な樹種によりつくられた生垣

シラカシ、ヒサカキ、マサキ、チャノキ、ムクノキ、サワラなどが混植密植され、防犯、防風、視界遮断など、家を守る役目を果たしている。

写真 2.10　植樹完了の様子

写真2.11　はじめての植樹に取り組む一般市民参加者

民参加が呼びかけられることがある。これまでの観察によると、午前中1時間の植樹作業で、大概、大人1人当たり10本前後の苗木を植えているようである。みなで協力すれば、すみやかに植樹作業を終えることができる。

8　森を管理する

環境保全林に関する多くの一般・普及書（宮脇1999、2005、2006、2010、2013など）がある中で、植樹祭などを通して植栽された樹木をその後どのように維持・管理していくかについての記述は意外に少ない。その部分を探してみると、「植えた後の手入れ」、「植栽後の管理」、「森の生長に沿った対応」という項目が見つかる。そこには「植えた翌年から1年に1～2回雑草を取る必要がある。抜いた草は土を振り落して根を上にして置き、敷き藁の追加材料にする」などとある。

●コラム6　森づくりの費用

環境保全林づくりの方法について、あるひとつの大きな問題が残されている。それは「費用」の問題である。実務者のみなさんなら、この問題を避けて通る訳にはいかない。環境保全林づくりでは、苗木や資材の調達、基盤整備など、かなりお金のかかりそうな作業を伴っている。では、いったい、いくら位が必要なのだろうか？

2008年の春に川崎ロータリークラブのみなさんとともに行った植樹の事例を紹介しよう。川崎市内の緑道で実施されたこの植樹活動では、当時担当者の山田哲夫さんが苗木・資材の調達や基盤整備作業をはじめ、植樹当日の段取りに至るすべての準備作業を担当されている。限られた予算のなかで、いかに活動を成功に導くか、検討を続けていた矢先、その山田さんが川崎市内で未利用の有機質資源を見つけ、それらを無償で入手することに成功している。その甲斐あって、植樹地の土壌被覆材(マルチ)や土壌改良材を購入する必要がなくなり、費用が節約できたのである。一般に、環境保全林づくりでは、植樹後にマルチ(稲わらや木材チップなど)を土の表面に施すのであるが、意外にも、それらの調達に経費がかさむことがある。こうして資源の有効利用も同時になされ、結果的に、植樹の準備から当日の植樹祭までにかかった経費は、1㎡あたりに換算して数千円とのことである。後日、川崎ロータリークラブのみなさんが今後の森づくりに活かすことを前提に、当時かかった事細かな経費情報を提供してくださり、とても役立っている。そして、その情報を片手に、環境保全林づくりを学ぶ研修生とともにたびたび現地を訪れ、その樹林を考証の場として活用させてもらっている。自分の心の中ではこの樹林を「学術考証林」と呼んでいる。

緑道につくられた植樹後7年目をむかえた環境保全林(川崎市)

植樹後３～４年草取りをすれば、その後は不要となり、自然の管理にまかせればよいとされている。また、植栽後５～10年くらいは林内が込み合っているように見えるが、「間伐しなくてもよい。横枝は必要に応じて切ってもよいが、頭は切らない。切った枝や葉は焼かずに、林内に置き自然の分解にまかせる。または新しく森をつくるサイトの土中に入れてマウンド形成などに役立てる」などと記述されている。

植樹後の管理でとくに重要なのは除草作業である。とくに、植えた樹木の高さが人の身長にも満たない段階では、定期的に植樹地を見回り、気を配る必要がある。新たに侵入・定着してくる植物の中に大型の多年草やつる植物があると厄介である。これら大型の多年草やつる植物は急速に繁茂して樹木から光を奪うだけでなく、とくにつる植物は樹木にからみつき、生長を著しく阻害することがある（写真２・12）。クズ、ヤブガラシ、ヘクソカズラなどのつる植物を見かけたら、早めに除去しておくと効果的である。

実際の環境保全林では、実務上、ケース・バイ・ケースで管理が行われているようだ。建物や道路に面した環境保全林では、植栽後10年以上が経過した時点で建物・道路管理の都合上、幹の上部（頭）が剪定されたり（写真２・13）、間伐されたりしている。こうした場合でも、重要なことは、環境保全のはたらきを大きく損ねないように、樹勢や生育状況を見ながら手を入れることである。樹勢がよく、健全に生育・発達している環境保全林では、剪定・間伐した後でも速やかに回復している様子も見られる（写真２・14）。しかし、無秩序に強剪定をほどこしたりすれば、樹木が本来持っている再生

写真 2.12　つる植物による植栽樹木の生長阻害の例
ヤブガラシがアラカシの主幹に巻きつき、きつく絞めつけたため細くなった部分から折れてしまった。

写真 2.13　建物管理のため剪定された常緑広葉樹（横浜市）

写真2.14　強剪定後3年で回復した常緑広葉樹（横浜市）

力を損ね、木材腐朽菌《ふきゅうきん》が切口から侵入して多くの樹木を枯死・衰退に至らしめることも考えられる。管理上の問題で剪定や間伐を伴う手入れを検討する場合には、森林・樹木のことをよく知る専門家・技術者に依頼することが重要である。

9　森の生長をしらべる

環境保全林づくりでは、植えた樹木が目標植生に向かってきちんと生長しているのかどうかを判断するため、つねに生長具合や樹林の状態を知っておかねばならない。そのため、一定の区画を設け、その中に含まれるすべての立木を対象に樹高や幹直径を測る調査が行われる。この調査のことを、一般に、「毎木《まいぼく》調査」と呼んでいる。この調査では、目的に応じて樹木位置図や樹冠《じゅかん》投影図を作成する。同時に、林床の植物を調査したり、個体数を数えたりすることもある。実際には、植樹地の一部に、方形区を設けることが多い。

植栽後に自分たちの環境保全林が目標植生にどれくらい近づいていくかを知るため、定期的に調べておきたいことについて考察してみよう。

まず、植栽地の中で周辺の影響を受けにくい場所を選び、50～100m²の大きさの方形区を設置する。この区内で長い期間にわたって調査をするので、杭やロープなどを使用して丈夫な方形区を作る必要がある。この方形区は永久方形区と呼ばれ、Permanent quadratの頭文字をとってPQと呼ばれることがある。さらにスズランテープなどで1～2m²の小方形区に区分しておくと、後の作業がしやすくなる。

方形区が設置できたら、植栽木のすべての個体に標識（番号札など）をつける。この際、取り付けたものが何年か先に木の生長を妨げないよう十分に配慮する。

測定者は標識の番号順に樹種名、樹高、根元直径か胸高直径《きょうこうちょっけい》、葉張りなどを測定し、記録者はグラフ用紙に植栽木の位置を明記しながら、測定結果を調査票などに記録していく。樹高は測桿《そっかん》やアルミスタッフ、根元直径や胸高直径はノギスや直径巻尺、葉張り（東西と南北方向）は巻尺やアルミスタッフなどを用いて測定する（写真2・15）。胸高直径はDiameter at breast heightの頭文字をとってDBH（ディー・ビー・エイチ）と呼ばれる。DBHは地上1・3mの高さにおける樹木の直径であるので、それよりも樹高の低いものは根元直径を計っておく。ノギスや巻尺による胸高直径の測定はやや精度が落ちるため、より高い精度が求められる場合には、スチール製の巻尺で胸高周囲長をはかるように

写真2.15　森林内における毎木調査のひとこま

する。胸高周囲長は地上1・3mの高さにおける樹木（幹）の周囲長のことで、Girth at breast heightの頭文字をとってGBH（ジー・ビー・エイチ）と呼んでいる。

樹高が低い段階では、東西南北4方向の枝葉の広がりをはかり、それらをつなぎ合わせて葉張りの面積を算出することができる。しかし、樹木が生長し、枝葉の広がりの程度が一層拡大してくると、なかなかそう簡単にはいかない。樹高が3m以上になると、枝葉の広がり具合は下から見上げて測定するようになる。次第に樹木は上部で枝葉を密に展開するようになる。この樹木上方における枝葉の集まりのことを「樹冠」と呼ぶ。下から見上げた時の樹冠の形状は円形とは限らないため、より詳細に記録するためには8方向への枝葉の広がりを測定することが必要となる。実際には、樹木の位置とそこから8方向の樹冠（枝葉の茂り具合）の下までの距離をそれぞれ測定・記録し、実際の樹冠形状を目で確認しながらグラフ用紙上で8地点を結び合わせる。すると、立木ひとつひとつの樹冠が描かれ、そこから樹冠投影面積を求めることができる。森の最上層における樹冠の連なりを「林冠《りんかん》」

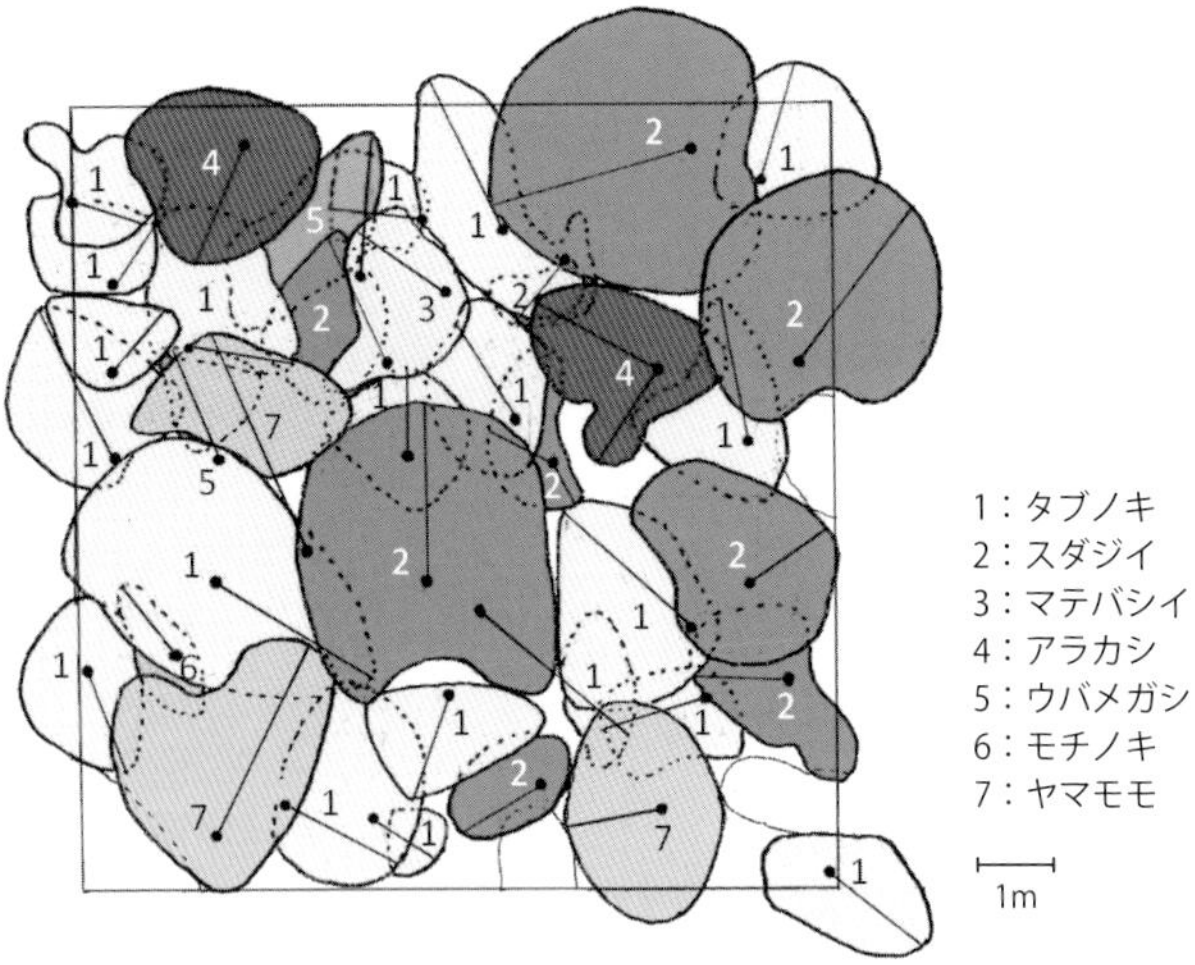

図 2.6　川崎の環境保全林における樹冠投影図の一例
（北村知洋氏原図改変）

と呼ぶ。林冠の中でも樹冠の大きな樹木は優勢といえる(図2・6)。

一般に、樹高をはかるための測桿は最長で12m、アルミスタッフでは5mのものがよく使用されている。したがって、樹木がそれらの測定限界を超える高さまで生長した場合には、樹高をはかる別の手段が必要となってくる。筆者らがよく使うのは、コンパスクリノメーター(例えば、Suunto社製 Tandem/360PC/360R G Clino/Compass)を使った直角三角形の原理を応用した方法である。まず、最初に、立木の根元と測定者の立ち位置との間の水平距離を巻尺やレーザー距離計を使ってはかる。さらに、コンパスクリノメーターを覗いて中心目盛を立木の梢先端に合わせ、そのときに中心目盛にかさなる数値を読み取る(図2・7)。平らな樹林地の場合、仮に、立木の根元位置と測定者との水平距離が25m、コンパ

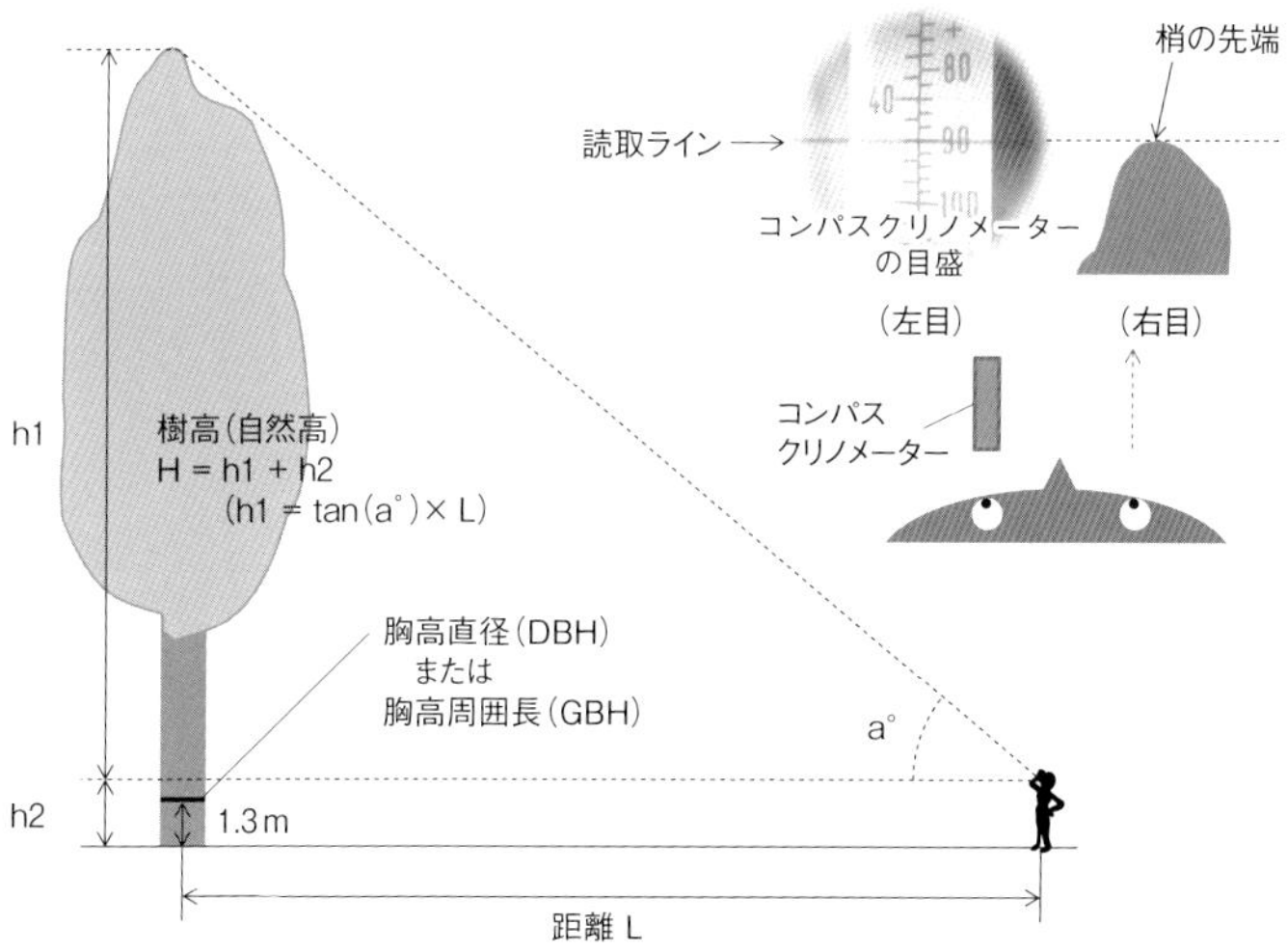

図2.7　木の高さのはかり方

スクリノメータの右側目盛数値が90であったならば、樹高は25m ×0.9＋1.5m（測定者の目の高さ）＝24.0mとなる。この場合、図2・7のように三角関数（tan: タンジェント）を使わなくても木の高さを求めることができる。少々わかりづらいかもしれないが、この直角三角形の原理を応用して樹高をはかる方法は、小学生対象の学習体験活動（大石・井上 2015）でも実践されているほどであるから、そう難しくはないはずだ。

以上に注意しながら、それぞれの項目について、時期を決めて毎年1回調査をする。グラフ用紙に描いた葉張りは毎年の樹木の生長具合が一目瞭然なので、生長の楽しみと、来年も測定しようとする意欲が出てくる。植栽後2～3年は多くの雑草が生育する。順調に行けば、葉張りが重なるようになる4年目くらいから雑草はめっきり少なくなる。そうなると地表は風や直

表 2.2　植樹後 30 か月目の立木の生長状況（矢ケ崎ほか 2011）

樹　　種	本　　数	生存率（%）	平均樹高（cm）	平均根元直径（cm）
ウワミズザクラ	5	100.0	81.8	1.6
ヤマモミジ	11	91.7	64.2	2.4
オニグルミ	5	83.3	58.0	2.3
トチノキ	5	83.3	49.8	2.3
ケヤキ	9	75.0	48.3	1.8
ホオノキ	3	75.0	74.3	2.3
シラカシ	4	50.0	21.0	0.8
コナラ	4	21.1	54.5	1.1

射日光にさらされることもなくなり、土壌水分は安定するようになる。方形区内に生育している植物もその都度記録しておくと、あとからでも変化の様子を大まかにたどることができる。植生調査を行っておくと、ほかの様々なデータと比較することもでき、なお一層よい。できれば、5年に1度くらいの割合で、植物社会学的方法に基づいた植生調査を実施することが望ましい。しかし、この手法は植生の専門家や植物の名前をよく知っている人の協力が必要である。

植樹後に森の生長をしらべた事例をひとつ紹介しておこう。2007年10月、福井県鯖江市上河内町（海抜300m）の山地斜面において、自生広葉樹による森づくりが実施されている。そこでは、その後の樹木の生長や森の発達状況を調べるため、植樹地の中心部に10m×8mの実験区（1㎡あたりの植栽密度およそ1・0本）を設け、継続的に毎木調査が行われている。

植樹後およそ2年半が経過した時点での調査結果が**表2・2**である。この植樹地では、全般的に、ケヤキ、トチノキ、ヤマモミジなどの渓谷生の夏緑広葉樹の定着・生長具合が比較的良好である。具体的に見ると、ウワミズザクラ、ヤマモミジ、トチノキ、ケヤキ、オニグルミ、ホオノキの夏緑広葉樹6種については生存率75％以上で、平均樹高も比較的高い値を示している。一方、シラカシ、コナラについては50％以下の低い生存率を示し、アベマキ、イヌシデについては生存株が確認できない結果となっている。この理由として、未熟苗や不良苗が植栽に用いられたこと（コナラ、アベマキ）や、ノウサギなどによる食害（シラカシ）があげられる（矢ケ崎ほか２０１１）。シラカシは食害を受けながらも樹勢はよく、今後の生育過程の推移を確かめる必要がある。草食獣対策を行うことでシラカシの生存率が高まるのかどうかなど、新たな検討課題もでてくる。植樹後の樹木の生長を調べることで、現場で起こるさまざまな問題・課題が明らかとなり、それらを克服するための改善方法や見通しを定めることが可能になる。

10　環境に配慮する

これまで、環境保全林づくりの手法について順を追って紹介してきたが、どの過程にも共通していえることがある。それは、「地域の自然環境や生物多様性に配慮して行動することがこれからは重要になってくる」ということだ。経済的に豊かで、お金を投資すれば様々な物資が調達できる状況下では、自らの経済力でいろいろなことが出来てしまう。森づくりの成果や実績づくりを急ぐばかりか、必要な物資や苗木を遠方から大量に調達しているのをしばしば見かける。しかし、こうした行動には、外来種や病害虫拡散をはじめ、天然樹木集団における遺伝的地域性のかく乱など、かえって地域

●コラム7　問われるチームワーク

森をしらべる際には、少なくとも測定者1名、測定補助者1名、記録者1名の計3名が必要だ。フィールド調査がすみやかに行えるかどうかは、この3名のチームワークにかかっている。

しかし、調査をしていると、不本意ながらも、ときどきチームワークが乱れるときがある。測定記録を読み間違えたり、聞き間違えたりするときだ。例えば、胸高直径(DBH)と胸高周囲長(GBH)を口にする場合、DBHの「Dディー」とGBHの「Gジー」が野外では聞き分けにくいことがある。これでは測定者と記録者との間でエラーが起きやすいので、その場合は、混乱が生じないよう、きちんと日本語で確認しあうようにする。海外からの留学生に手伝ってもらうときなどは、これでは済まされない。個人の英語力にもよるが、お互いの伝達のため、きちんと発音し、きちんと聞き取ることが必要だ。日本人が苦手なものに英語の数字の発音がある。10代の数詞をつくる「teen」と10の倍数の数詞をつくる「ty」にはとくに注意したい。胸高直径が13(サーティーン)cmと、30(サーティ)cmでは、結果は大違いだ。

これに限らず、記録者は、測定者が読み上げた数値を必ずはっきりと復唱し、測定された値を互いに確認しながら記録を進めることが大切だ。かつて、学生が記録者となって共に植生調査をしたことがある。あとで学生が記録した植生調査票を確認したところ、コバノガマズミという植物が「コバノガバズミ」に、シュンランのはずが「ジュンラ」と書かれている。この程度の種名の聞き違え、書き違えなら笑い話で済ませるが、木の高さや太さの測定値を間違えたら取り返しはつかない。フィールドでは常に調査に集中し、誤りが生じないよう、互いに確認しながら調査を進めるようにしたい。こうした注意を怠ると、調査が終わった後で、チーム内に険悪なムードがただようことになる。

の生態系や生物多様性に悪影響をもたらす問題が伴いやすいことも知っておく必要がある。

環境保全林づくりでは、〝環境保全〟を旗印に掲げている以上、自然環境の地域性や固有性に配慮した適切な行動が今後ますます求められることになるだろう。その行動には、自然環境保全分野の法令への順守はもちろんのこと、法的規制がない場合での各種ガイドラインへの順応が含まれる。環境保全林づくりに関連するものを整理すると以下のようになる。

①してはならないこと

法令による禁止・規制事項。例えば、「外来生物法（特定外来生物による生態系等に係る被害の防止に関する法律」や「林業種苗法」などに定められた禁止・規制事項がある。こうした事項は必ず守らなければならない。

②しないほうが良いこと、しないほうが望ましいこと、すべきでないこと

行政、研究機関や学会などの各種団体がガイドライン、規準、原則、行動計画などの公表を通して推奨する制約事項。例えば、『樹木の種苗移動ガイドライン』（津村・陶山２０１５）には、苗木の移動範囲の目安などが具体的に提示されている。行政から出されているものには、鹿児島県の『ヤンバルトサカヤスデまん延防止リーフレット』における「まん延防止対策」のお願いなどがある。

あらためて強調しておきたいのは、環境のために「いま、できること」とは、こうした以上の点を

ふまえて決める、ということである。環境に良かれと思っても、ガイドラインに反した不用意な行動をとれば、逆に生物多様性や生態系をかく乱してしまう恐れもある。そうした行動をあえて控えておくこともまた、環境保全のために必要な大切な行動である。環境保全林づくりに取り組む前に、いま一度、「いま、私達にできること」の意味をよく考えたいものだ。

第3章　環境保全林のつくりとはたらき

1　落葉量とその年変動と季節変化

「樹木の葉が落葉するのはいつですか」と聞くと、多くの人は「秋から冬」と答える。これは秋に紅葉し、冬に落葉する落葉広葉樹をイメージして返答されるからであろう。では、「常緑広葉樹の落葉の季節はいつですか」という質問には、「いつも緑の葉がついているので、決まった時期はない」とか「落葉しない」との答えが返ってくる。これでは常緑広葉樹の落葉についての回答としては不十分である。

都市の中でも公園緑地や街路樹の常緑広葉樹の葉が、春や夏には地面やコンクリートの上にかたまって積み重なっているのに出会う。紅葉のように彩りが鮮やかでないので、注目されないだけで、明らかに落葉の季節がありそうである。

常緑広葉樹も落葉しているのは確かだが、その時期による違いについて鎮守の森や環境保全林で調査された例は少ない。ここでは、環境保全林の主役である常緑広葉樹の落葉について紹介しよう（長

写真3.1　落葉や落枝を集めるリタートラップ

尾・原田1996、1998)。

(1) 調査の方法と場所

リターフォール(落葉や落枝などの生物遺体)の測定には、太い針金の枠に養殖用資材網を袋状に取り付け、塩化ビニールのパイプ4本で固定した円形のリタートラップを使用する(写真3・1)。トラップの大きさは直径64cm、深さ80cmで地上1・2mの高さに受け口がくるようにしてある。トラップの数は5個か8個である。トラップ間の距離は2~3mである。トラップ内のリターフォールを毎月末に1回回収している。

回収したリターフォールは熱風乾燥器で乾燥後、葉、枝、果実・種子、芽鱗、虫糞、小動物などに区分し、それぞれの重さを測定している。横浜と熱海での3年間の結果である。

横浜の調査地は大学構内に造成された環境保全林である(第1章写真1・5)。ここは1976年5

表3.1　横浜の調査林分の概況(1993年11月現在)(長尾・原田 1995)

樹　種	立木密度(本数)	平均樹高(m)	平均胸高直径(cm)	胸高断面積合計(cm²)
クスノキ	15.3	10.7	15.7	3194.4
タブノキ	27.5	7.7	8.0	1739.9
アラカシ	26.5	6.4	5.1	759.1
シラカシ	28.6	6.3	4.0	447.5

表3.2　熱海の調査林分の概況(2002年11月現在)(後藤ほか 2003)
樹高が2m未満の樹木は除外してある

樹　種	立木密度(本数／50 m²)	平均樹高(cm)	平均胸高直径(cm)	胸高断面積合計(cm²／50 m²)
スダジイ	18	635.2	6.5	689.1
アラカシ	18	370.3	2.6	110.7
シラカシ	19	373.9	2.9	144.9
タブノキ	18	417.8	4.1	334.6
その他	17	304.5	1.9	61.9
合　計	90	421.1	3.6	1341.1

写真3.2　熱海の環境保全林(静岡県)
スダジイ、タブノキ、ホルトノキ、シラカシなどからなる。

月にポット苗を植栽したところである。苗木の種類は、クスノキ、タブノキ、シラカシ、アラカシの4種である。調査当時の1993年現在の生育状況は表3・1のとおりである。なお、地上1・3mの位置における樹木の幹の太さを胸高直径《きょうこうちょっけい》という。また、この高さにおける幹の断面積（πr^2）を胸高断面積といい、さらに種ごとに断面積を合計したものを胸高断面積合計と呼んでいる。

熱海の調査地は1995年1月に、スダジイ、タブノキ、ホルトノキ、アラカシ、シラカシなど9種の照葉樹が植栽され、後に侵入したヤマグワとともに樹冠《じゅかん》が形成されている（写真3・2）。調査当時の林の概況は表3・2のとおりである。

(2) リターフォール量とその組成

横浜の年間のリターフォールの総量をhaあたりの値に換算してみると、8・2〜9・9tである（図3・1）。落葉が一番多く全体の70％を占めている。次いで落枝、花や果実などの生殖器官の順となっている。落葉量を種類別にみると、クスノキが50％とほぼ半分を占め、タブノキが30％となり、ブナ科の2種を圧倒している。クスノキの立木密度は4種の中では最低であるにもかかわらず、胸高断面積合計が最大であるところから、生長の良好な立木が多く、葉量が相対的に大きいためである。

熱海では年間リターフォール量はhaあたり6・2〜8・3tである（図3・2）。リターフォール量の中で最大となる落葉量の総量に占める割合は、2002年から2004年にかけて74・7％、67・4％、61・8％となり、次いで多い落枝量はそれぞれ9・9％、19・4％、24・8％となっている。

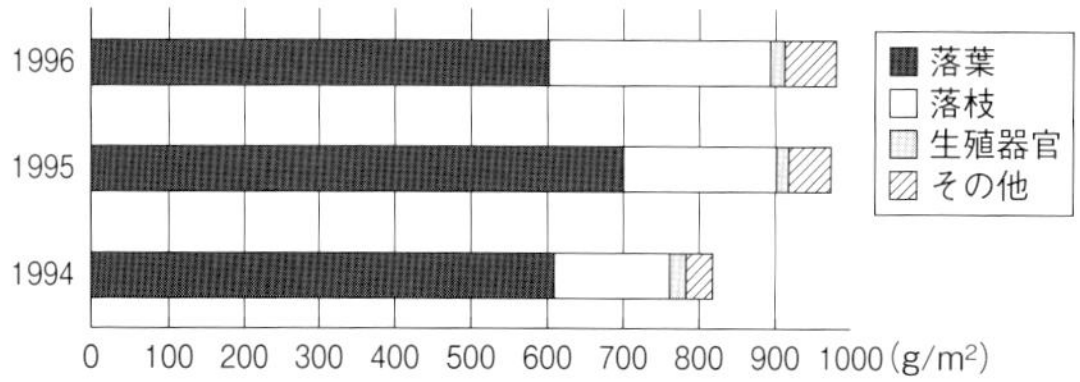

図3.1　横浜の環境保全林のリターフォール量(長尾・原田 1998)
1994年1月から1996年12月までの3年間

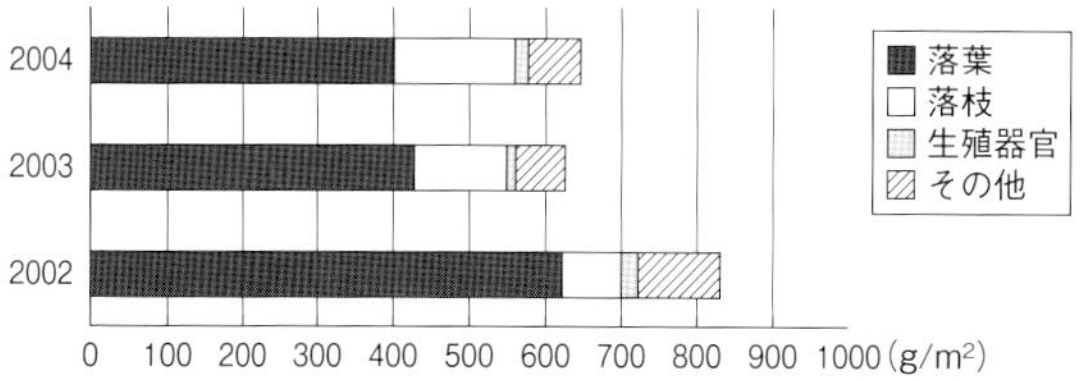

図3.2　熱海の環境保全林のリターフォール量(原田 2005b)
2002年4月から2005年3月まで

(3) 季節変化

横浜では落葉量は4月に急激に増加し、初秋の9月まで多量の時期が続き、10月になると急激に減少し、翌年の3月までは少ない値となっている。このパターンは2〜3年目も同じ傾向を示している(図3・3)。

同じ常緑広葉樹でも落葉の時期や落葉量は樹種により少しずつ異なっている。例えば、クスノキは4月に落葉のピークがあり、スダジイは4〜7月に多くなっている。タブノキは5〜9月の期間に断続的に落葉しているという具合である。一般に常緑広葉樹では春に新芽が出始めると、それと交換しながら落葉するといわれている。そのため4〜5月に落葉のピークを迎えるものが多い。横浜で4月に落葉量が急増したのはクスノキの落葉によるものである。

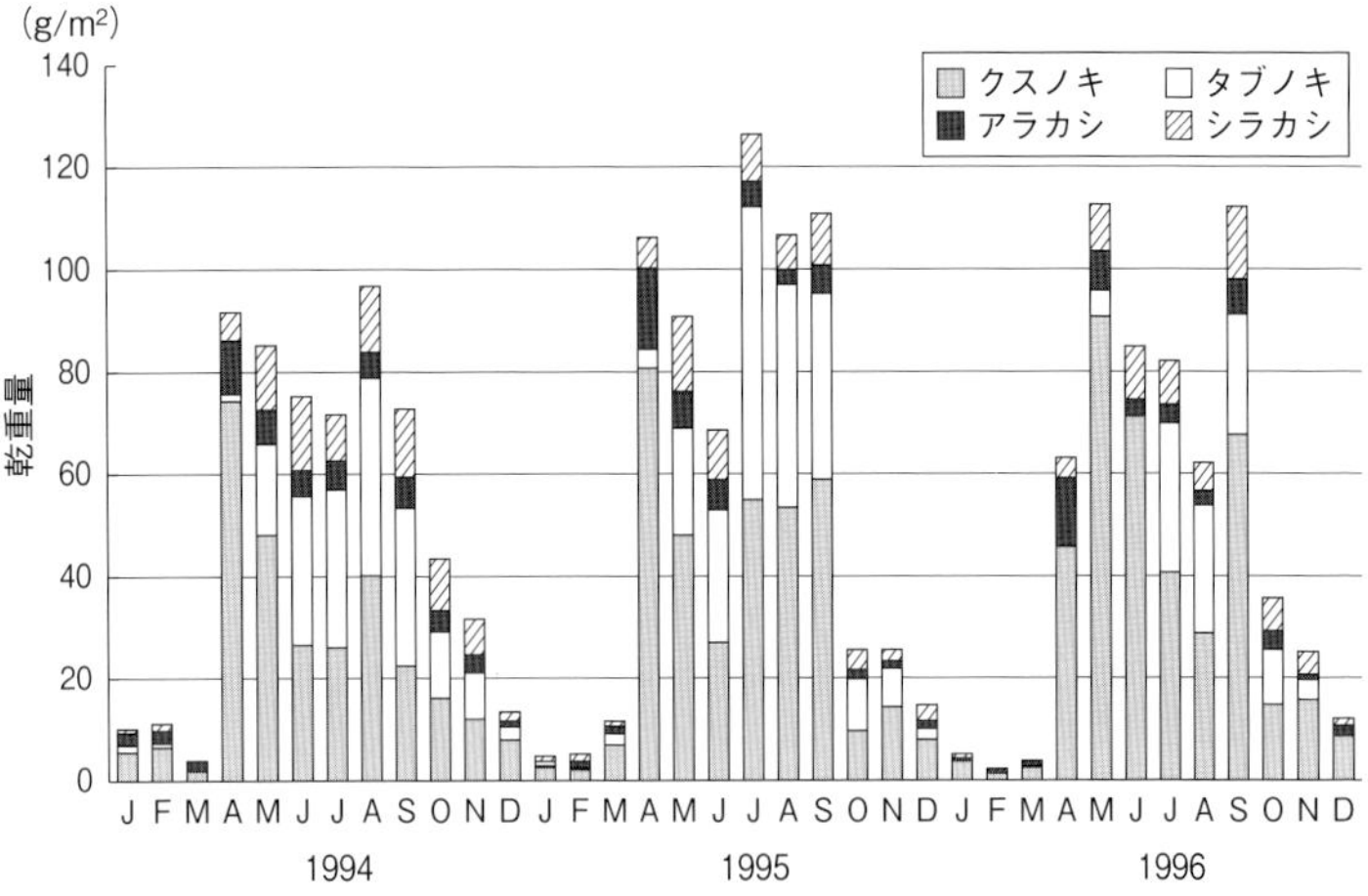

図 3.3　横浜の環境保全林の落葉の月別変化(長尾・原田 1998)
1994 年 1 月から 1996 年 12 月

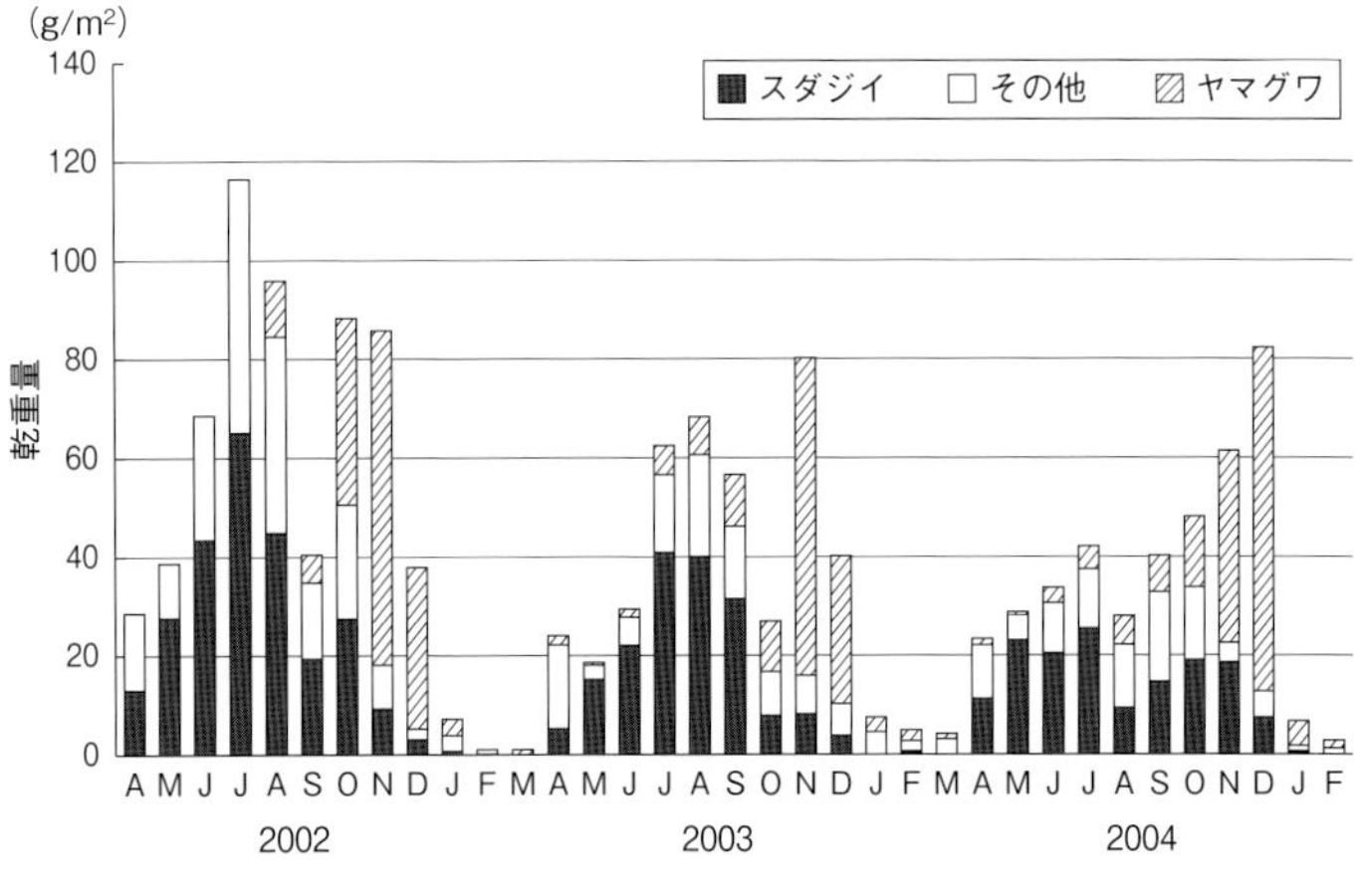

図 3.4　熱海の環境保全林の落葉の月別変化(原田 2005b)
2002 年 4 月から 2005 年 2 月

熱海では4月から増加が始まり夏季にピークを迎える（図3・4）。10〜12月にはヤマグワが落葉するため再び増加する（後藤ほか2003、原田2005b）。

リターフォールの組成は、1〜3月を除いて落葉の割合が高く、落葉量の月別変化はリターフォール量の月別変化とほぼ同様な傾向を示している。生殖器官の落下量は5〜6月に多く、大部分はヤマグワの果実である。

同じ常緑広葉樹を主体とする環境保全林であっても、クスノキの多い横浜では4月に落葉量が増大するのに、熱海では4月から徐々に増加し、ピークは夏の7〜8月となっている。この違いは林齢、立木密度、気候、構成樹種の違いなどが原因と考えられる。また、熱海のように落葉広葉樹のヤマグワが先に開葉することにより、優占するスダジイの開葉時期が遅くなることも考えられる。

いずれにせよ常緑広葉樹の葉は、春から夏の気温が高い時期に落葉していることは確かである。

2　落葉の分解

落葉広葉樹の葉は秋から冬に落葉し、常緑広葉樹は春から夏に落下していることが分かった。では、これらの落下した葉はどうなるのか。ある年は落ち葉が厚く堆積し、別の年は薄いというようなことはない。地上にはいつも一定の量の落ち葉が積もっている。これは土壌中の動物、カビやバクテリアなどが落葉を分解してくれるからである。地面に落ちた葉が分解されないと、植物は自分の落とした葉で埋まってしまうことになる。

ここでは樹木の落とした葉がどれくらいのスピードで分解されていくかを紹介しよう。

(1) 調査場所と方法

調査場所は横浜の大学構内にある環境保全林である。林の概況についてはすでに説明済みである(表3・1)。クスノキ、タブノキ、シラカシ、アラカシの4種の照葉樹の葉、オオシマザクラとミズキの2種の落葉広葉樹の葉を生木から取り、1か月乾燥させてから、照葉樹は4g、落葉広葉樹は2gの葉を試料としている。種類ごとに葉の枚数をそろえたところ、タブノキは8枚、アラカシは12枚、クスノキとシラカシは24枚、オオシマザクラは8枚、ミズキは15枚となっている。

葉を入れる網袋(リターバッグ)は、網目の異なる2枚の養殖用資材網を25cm×25cmの大きさに切り取り、釣り糸で縫い合わせて作製する。このとき、縫い目の間隔を2cmとして葉がリターバッグからこぼれない程度に隙間をつくってある。この隙間はミミズやダンゴムシなどの大型土壌動物がバッグ内に侵入できるようにしておくためでもある。網目の大きさは林床に設置したときに上面になるほうが9メッシュ/インチ、下面は14メッシュと細かい網目にしてある。これは粉砕され細かくなった葉がバッグからこぼれ落ちないようにするためである。

リターバッグを有機物層と土壌の間にはさむように設置する(写真3・3)。林床に堆積した落葉を取り除き、土壌面にリターバッグを置き、その上に取り除いておいた落葉をかぶせる。一定期間後にバッグを取り出し、土粒や菌糸などをきれいに取り除き乾燥させ、乾重量を測定する(小滝・原田1996、1997)。

写真 3.3　リターバッグ　この上に除去しておいた落ち葉を被せる

(2) 落葉広葉の分解過程

夏季は7月に設置したリターバッグを2、4、6週間後に回収し、残存率を求めた（写真3・4、図3・5）。ミズキはオオシマザクラの倍の速さで分解が進み、2種とも6週間で葉脈を残すだけとなる。秋季は10月に設置し、2、6、8週間後に回収した結果、6週間で半減している。

冬季は1月に設置し、2、5、7、9週間後に回収したところ、9週間経っても75％以上が残存している（写真3・5、図3・5）。

気温の高い時期に分解が促進され、気温が低下すると分解速度は遅くなる。一般に、土壌動物や微生物は気温の高い時期に活性化することが知られている。そのため、落葉の分解が促進されるのは気温の高い夏季が著しくなっている。

(3) 常緑広葉の分解過程

1年間における常緑広葉4種の葉の重量残存率

写真 3.4　夏季におけるミズキ(落葉広葉)の葉の分解の様子
上段左：設置時、上段右：2 週間後、下段左：4 週間後、下段右：6 週間後

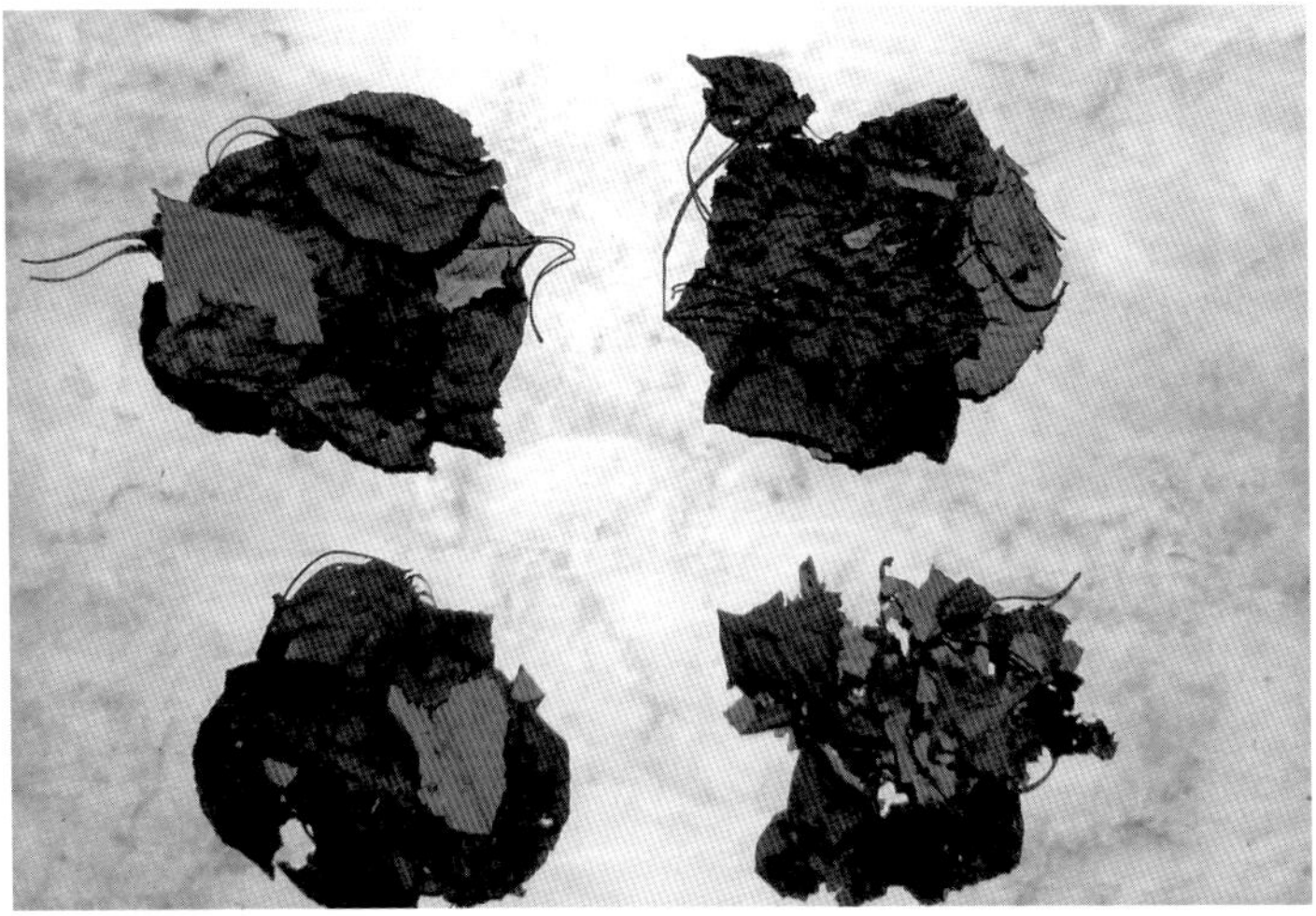

写真 3.5　冬季におけるミズキの葉の分解の様子
上段左：設置時、上段右：5 週間後、下段左：7 週間後、下段右：9 週間後

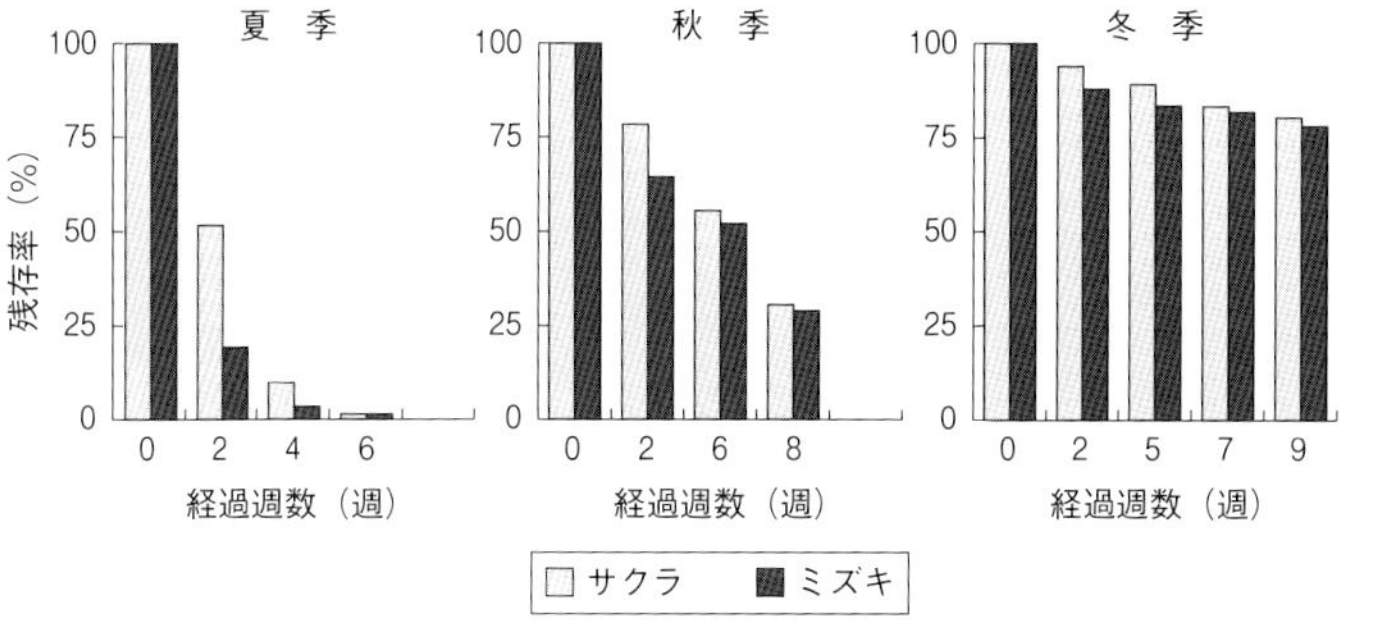

図3.5　横浜におけるミズキとオオシマザクラの落葉広葉2種の季節による分解過程
（小滝・原田 1996）

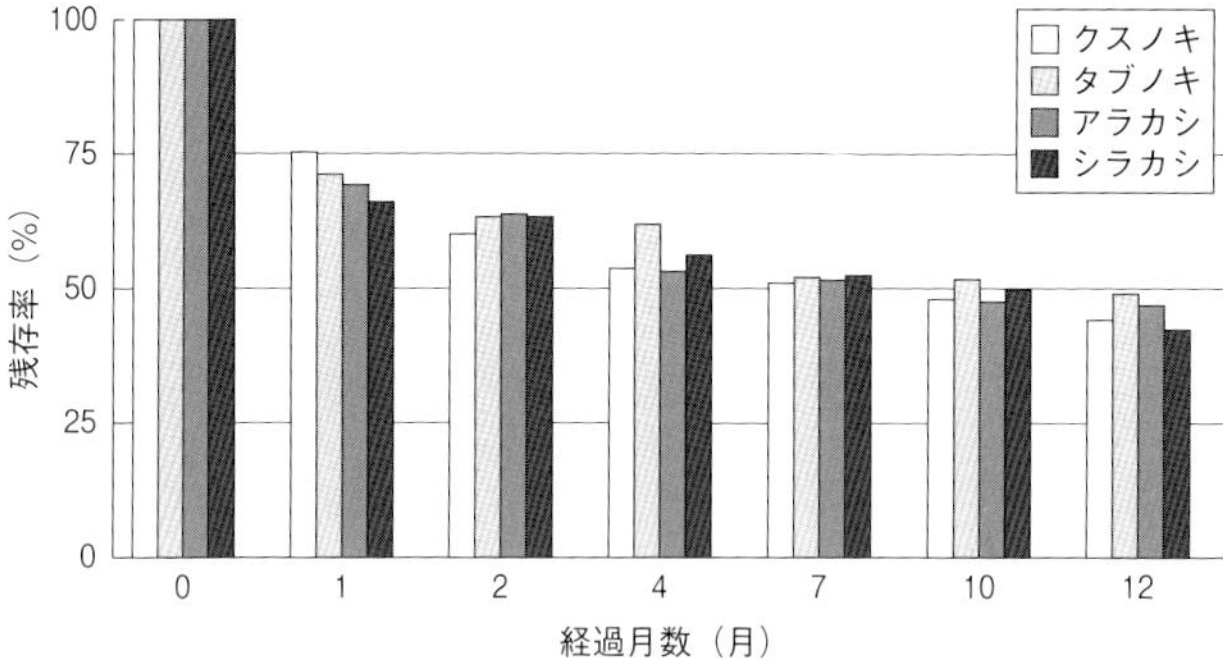

図3.6　横浜における常緑広葉4種の年間分解過程（小滝・原田 1997改変）

の変化が図3・6に示されている。分解速度は落葉広葉に比べてかなり遅い。4種とも7か月後に半減し、1年後の残存率はタブノキ49・1%、クスノキ44・1%、アラカシ46・9%、シラカシ42・2%である。

7~8月までの設置後1か月の減少率が24・7~34・2%と大きい（図3・6）。

なお、自然性の常緑広葉樹林における落葉の分解率は、一般に60%といわれている（河原　1985）ので、都市の中に造成された環境保全林の年間落葉分解率と

写真3.6　タブノキとシラカシの常緑広葉の1年後の分解の様子
左：設置時　右：1年後

差はないようである。しかし、ところによっては環境保全林の落葉の供給量が多すぎるため分解が追いつかずに、未分解の落葉が厚く堆積しているところがある。そうなると他の植物の侵入をさまたげ、強いては多層な群落構造の形成を妨害するようになる。造成後何年かすると、植栽樹種とそれらの実生の芽生えだけからなる2層の単純な群落構造を形成しているところもある。

(4) 年間の落葉分解量

常緑広葉4種の葉のうち、分解速度の速いシラカシと最も遅いタブノキの2種の50㎝×50㎝あたりの年間落葉量は、乾重量でシラカシが20・0g、タブノキは54・2gとなる。これらを50㎝×50㎝の大きなリターバッグに入れ、1年後に回収し、乾重量を測定する。合計74・2gのタブノキとシラカシは、1つのバッグでは31・0g、もう1つでは27・5gに減少している。分解率はそれぞれ

58・0％と62・2％となり、平均は60・3％である（写真３・６）。タブノキとシラカシのそれぞれの年間分解率が50・９％と57・８％であることから平均分解率は50～60％と推定することができる。

3　大気を浄化するはたらき

ある程度に生長した環境保全林は、大気中に漂う煤塵を樹木の枝や葉に付着させ、それを雨水で洗い流すことで大気を浄化する煤塵捕集のはたらきがある。環境保全林は半永久的に機能するメンテナンスフリーの煤塵捕集装置である。雨水で洗浄されれば、次々と新たな煤塵を捕集することができる。

また、開葉と落葉によってフィルターである葉を定期的に交換するシステムを備えている。さらに時間の経過とともに樹木サイズは大きくなり、煤塵捕集効果は大きなものとなる。

東京湾埋立地の工場内に造成された環境保全林は、周辺から飛来する煤塵や高速湾岸線の車の影響を受けて枝葉が相当汚れている（写真３・７）。スダジイの葉に付いている煤塵を洗い落とし、それを濾過《ろか》した様子が写真３・８である。

地上１～２ｍの位置に繁茂しているスダジイ、タブノキ、モチノキ、マテバシイ、アラカシの５種の生葉を任意に１００枚ずつ採取した。それらを水につけて筆で1枚ごとに煤塵を洗い落とし、それを濾過し、煤塵量の測定を試みている。１００枚あたりの葉に付着している煤塵量は、マテバシイ＞

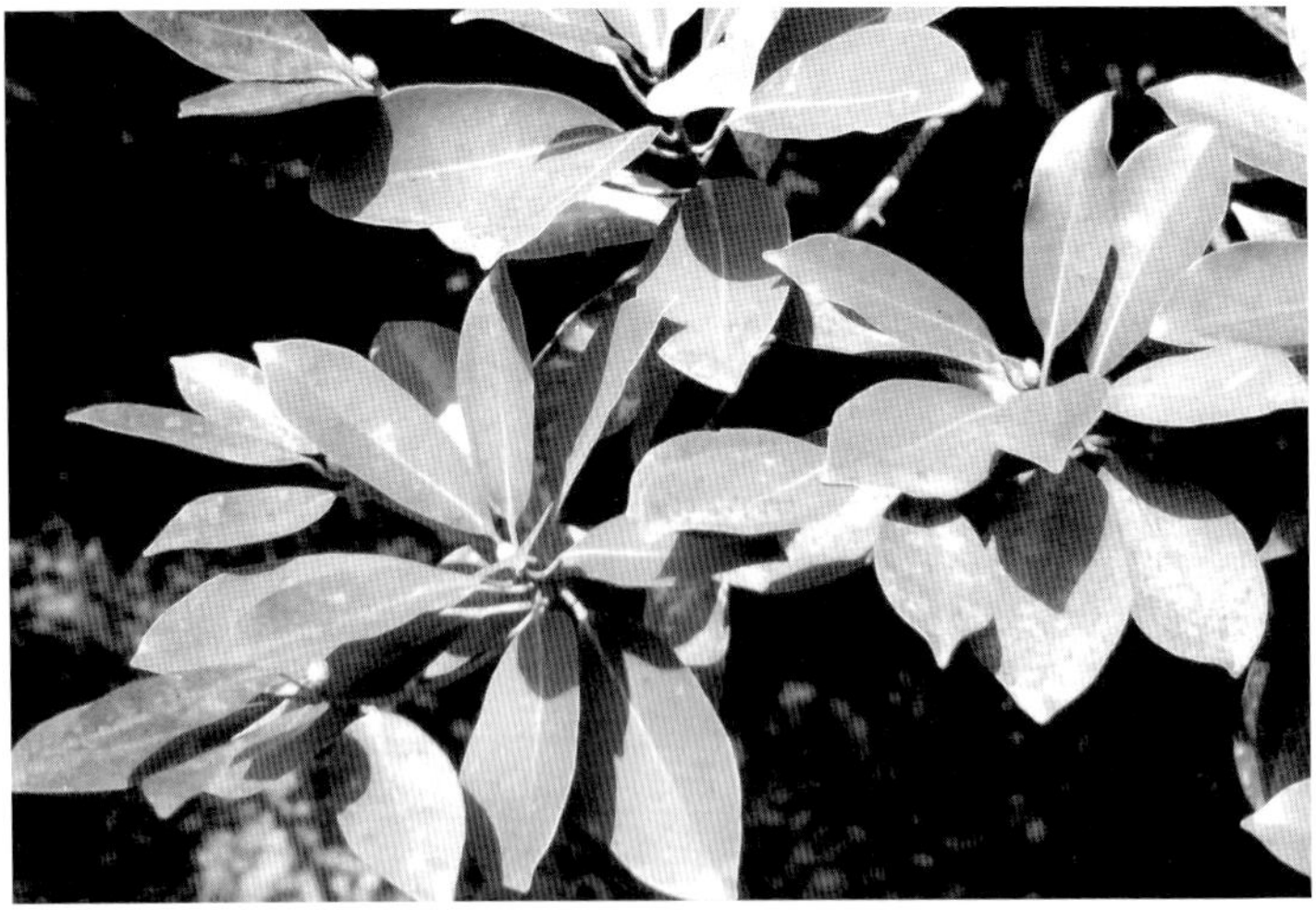

写真 3.7　タブノキの葉に付着した煤塵(川崎市)

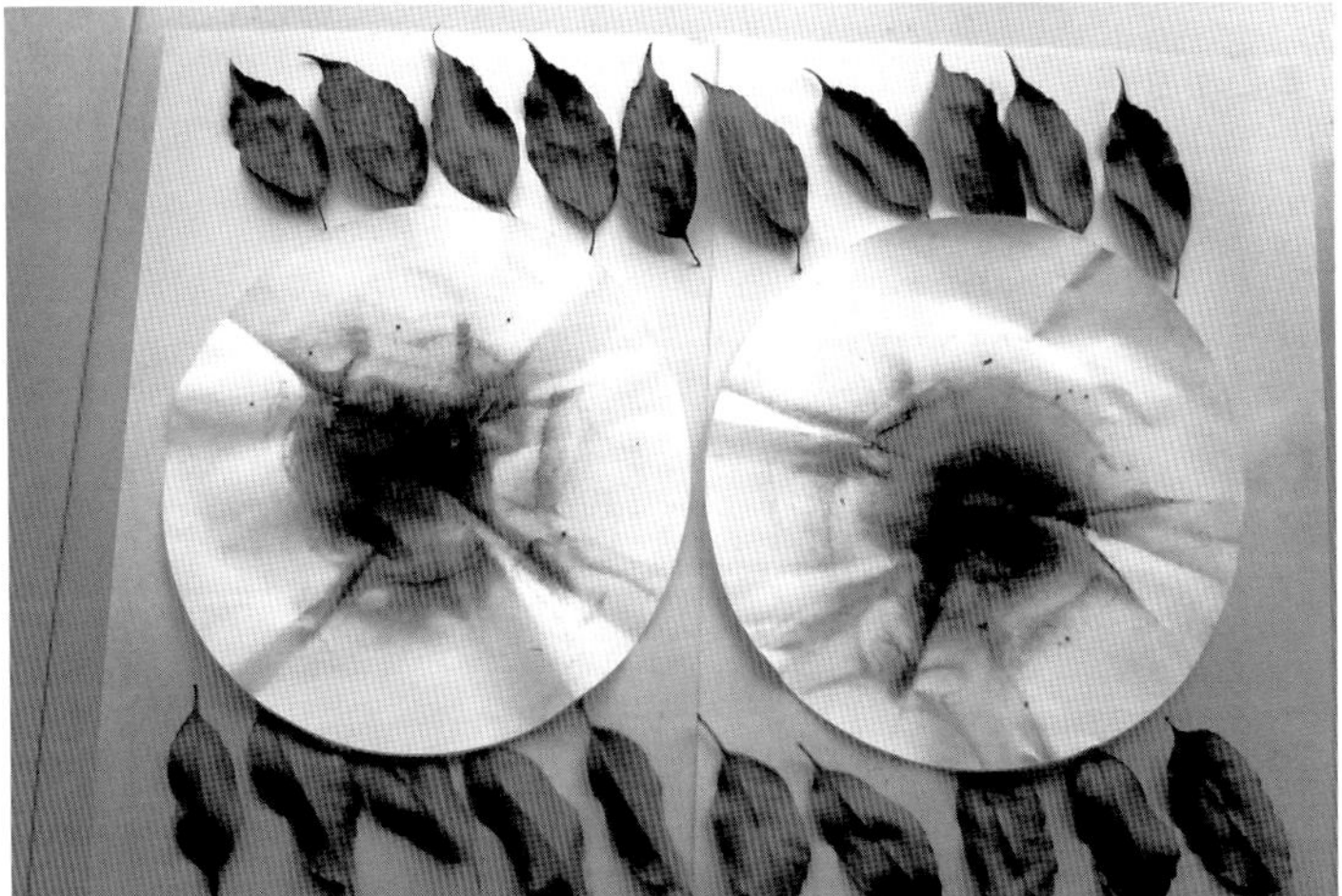

写真 3.8　スダジイの生葉 100 枚あたりの付着煤塵量
葉に付着した煤塵を洗浄し、濾過した様子

表3.3　樹種別にみた葉面付着煤塵量（森重・原田 1997）

樹　種	1枚当たりの葉面積（㎠）（平均±標準偏差）	100枚の葉に付着した煤塵の重さ（g）	1㎡あたりの煤塵の重さ（g）
スダジイ	14.1 ± 0.9	0.36	2.55
タブノキ	27.9 ± 1.4	0.53	1.90
モチノキ	13.9 ± 1.2	0.23	1.65
マテバシイ	53.0 ± 3.8	0.74	1.40
アラカシ	27.7 ± 2.9	0.27	0.97

タブノキ＞スダジイ＞アラカシ＞モチノキの順となっている（表3・3）。

葉の面積が広いマテバシイやタブノキで煤塵量は多く、面積が小さいスダジイやモチノキで少なくなっている傾向がみられる。次に各種の葉の1枚あたりの面積を測定し、㎡あたりの煤塵量に換算すると、スダジイ＞タブノキ＞モチノキ＞マテバシイ＞アラカシの順となる。

モチノキ1枚の葉面積は14㎠でスダジイとほぼ同じ面積をもっているが、㎡あたり0・9gも少なくなっている。また、アラカシもタブノキと同じ約28㎠の葉面積をもつが、煤塵付着量は半分にすぎない。

このように樹種により、煤塵付着量は異なっている。しかし、樹種により付着煤塵量が決まっているのではなく、またいつでもスダジイの葉の付着量が多いわけではない。生育している場所によって違っている。3地点7か所でのスダジイの付着量は、0・2g、0・5g、1・0g、1・1g、1・8g、2・5g、2・6gとさまざまである（森重・原田1997、1998）。

⑴ 大気がきれいなところでの例

ここは静岡県熱海市の標高300mの市街地から離れた山間地に位置する、大気がきれいな場所である。1994年にポット苗が植栽され、調査当時は10年生の初期段階の環境保全林である。苗木の種類はスダジイ、タブノキ、ホルトノキ、カシ類などの照葉樹である。

①林内雨・林外雨およびそれらに含まれている煤塵量

天空を枝葉が覆っている場所（林内）と覆っていない場所（林外）に煤塵捕集装置を設置した（写真3・9、写真3・10）。これは煤塵を含んだ雨水を集める装置である。大型のビーカーで林内雨量と林外雨量を測定し、放置後、上澄み液を捨てて濾紙《ろし》で濾過する。煤塵の付着した濾紙は乾燥させたのち電子天秤で重量を測定する。

3年間の年間雨量は、林内雨量が54～65ℓ、林外雨量が148～163ℓである。林外雨に含ま

写真3.9　林外雨用煤塵捕集装置

写真3.10　林内雨用煤塵捕集装置

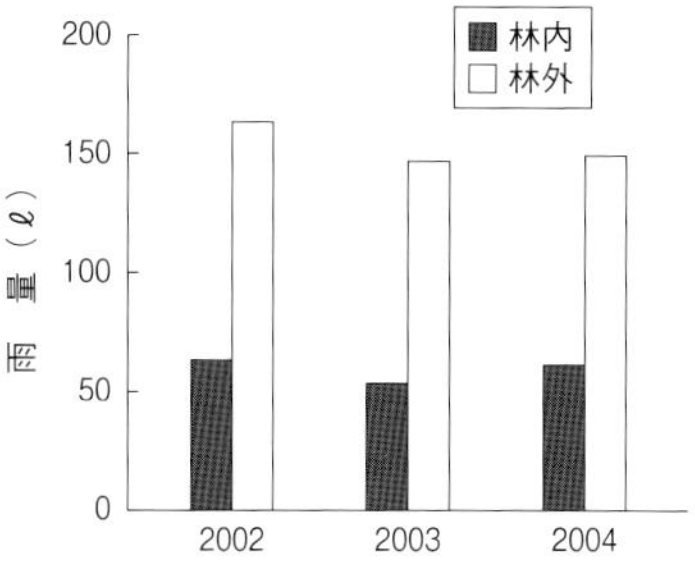

図3.7　熱海の環境保全林の林内雨と林外雨の経年変化（蛭田・原田 2005改変）

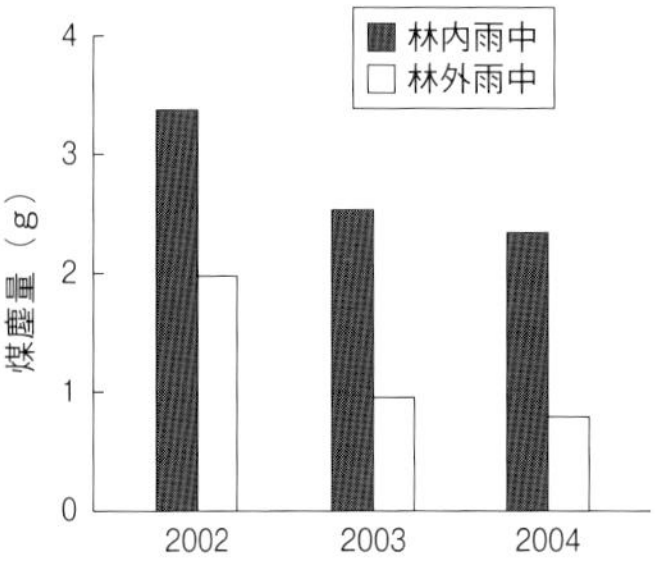

図3.8　熱海の環境保全林の林内雨中・林外雨中煤塵量の経年変化（蛭田・原田 2005改変）

れている煤塵量は、0・9～2・0gで、林内雨中に含まれる煤塵量のほうが多く、年較差は1・7～2・7倍となる（図3・7、図3・8）。

　大気中に漂っている煤塵を雨水が取り込んで、それが林外雨として捕集装置に集められる。一方、林内雨は大気中の煤塵を取り込むだけではなく、枝葉に付着している煤塵をも雨水で洗い流し、林内雨として落下してくるものも集めている。したがって、林内雨のほうが含まれている煤塵量が多いわけである（蛭田・原田２００５）。

②雨量・煤塵量の季節変化

　3～5月を春季（Sp）、6～8月を夏季（S）、9～11月を秋季（A）、12～2月を冬季（W）として雨量と煤塵量を比較したのが図3・9と図3・10である。林内雨量と林外雨量ともに春季から秋季に多く、冬季には減少している。それらの中に含まれている煤塵量は、すべての季節で林外雨中より林内雨中のほうが上回っている。冬季には煤塵量も減少している。

③樹幹流中煤塵量

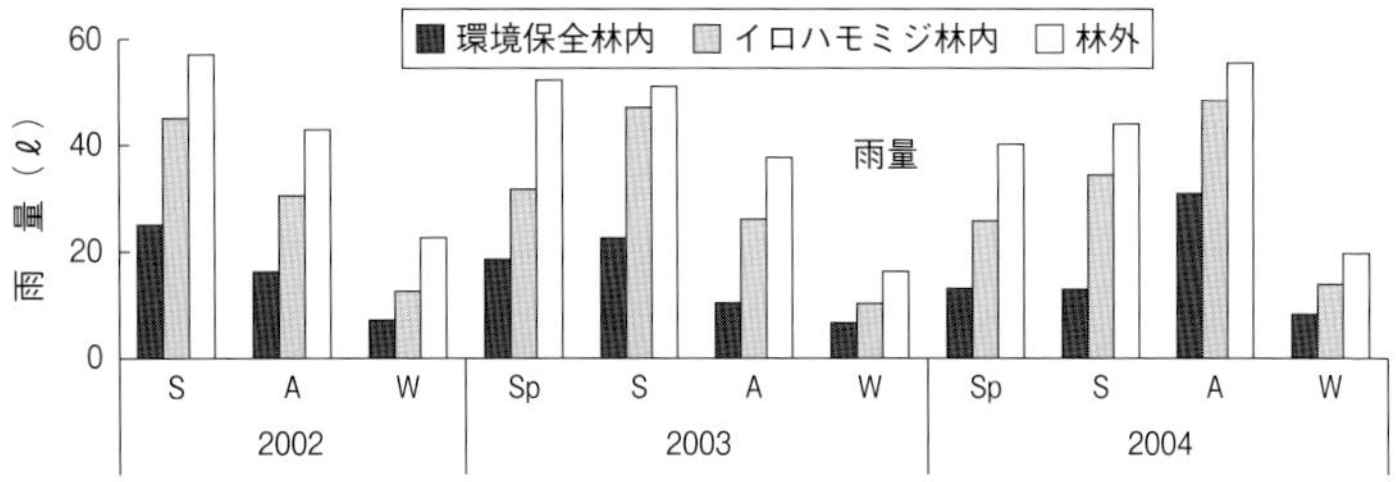

図3.9　熱海の環境保全林の林内雨と林外雨の季節変化（蛭田・原田 2005）
比較のためイロハモミジ林のデータも掲載してある
Sp：3月〜5月、S：6月〜8月、A：9月〜11月、W：12月〜2月

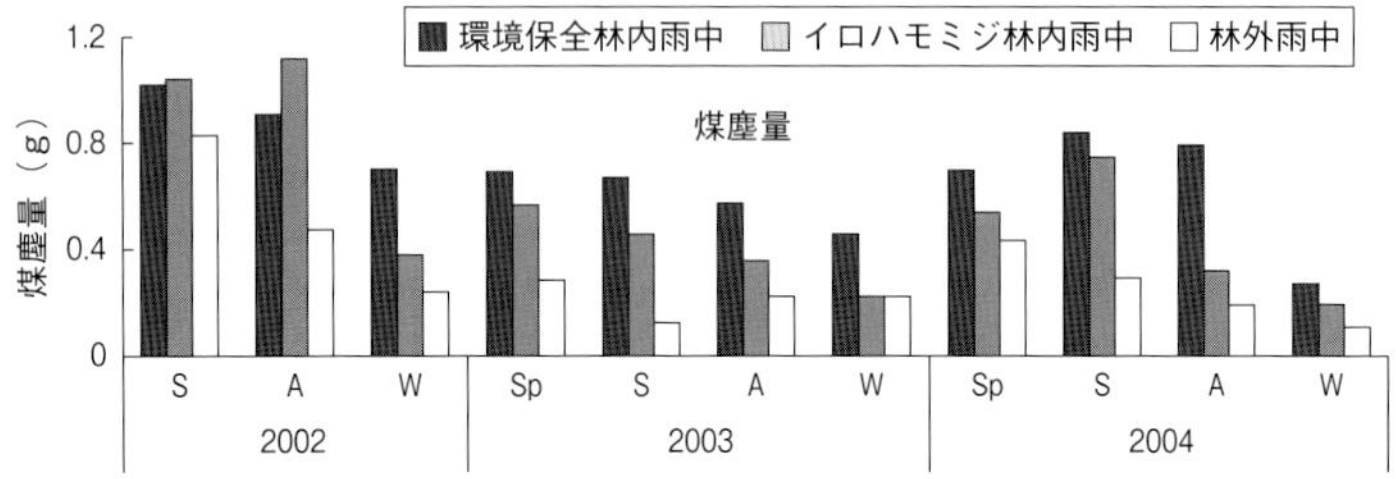

図3.10　熱海の環境保全林の林内雨中・林外雨中の煤塵量の季節変化（蛭田・原田 2005）比較のためイロハモミジ林のデータも掲載してある
Sp：3月〜5月、S：6月〜8月、A：9月〜11月、W：12月〜2月

林に降り注いだ雨水は、林内雨となって落下するだけではない。葉から小枝さらには中枝を伝わり、幹を流れ落ちる樹幹流という流れがある。

スダジイ3本、ホルトノキ2本、クスノキ1本の幹に地上1・5mの高さのところにウレタンラバーを巻き付け、幹を流れ落ちてくる樹幹流を採取する装置を取り付けてある（**写真3・11**）。

下り勾配、勾配の下の端の流下穴、樹幹に接する面に溝を作るなどの加工を施し、流下穴にステンレス製の管を取り付け、そこにビニールホースを接続する。幹とウレタンの間にはシリコン充填剤をつめ、ビニールホースから30ℓのポリタンクに注ぎ込むようにしている。なお、30ℓ以上はオーバーフローとしている。

6本の樹木の樹幹流煤塵量を合計した3年間の煤塵量は、21・5〜30・0gとなる（図3・11）。比較的に大気がきれいな場所でもわずか6本の樹幹流中に年間20g以上の煤塵が含まれていることから、樹林のもつ大気浄化機能を推し量ることができよう。

(2) 大気が汚染されているところの例

① 林内雨・林外雨およびそれらに含まれる煤塵量

写真3.11　樹幹流煤塵捕集装置

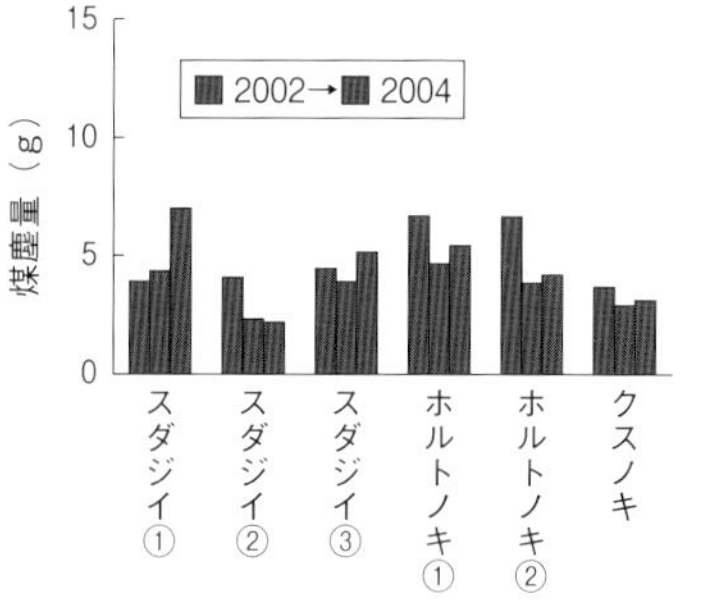

図3.11　熱海の環境保全林の6本の樹木の樹幹流中煤塵量の経年変化（蛭田・原田 2005改変）

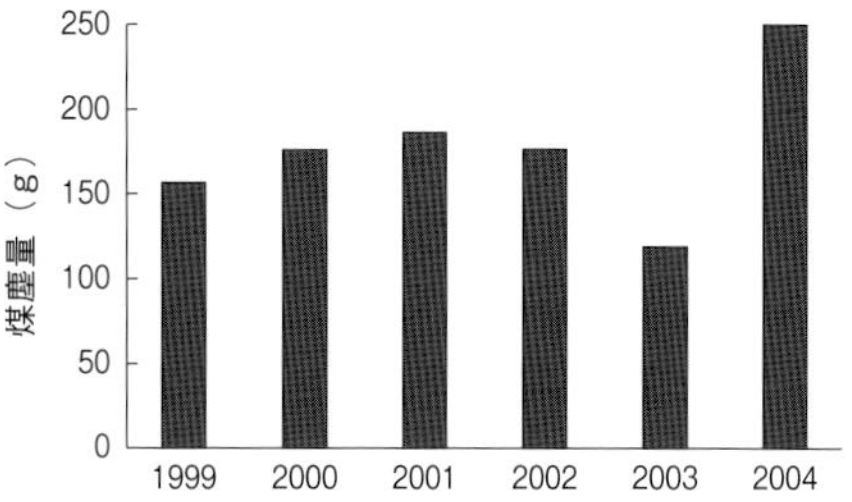

図3.12　川崎の環境保全林の6本の樹木の樹幹流中煤塵量の合計値の経年変化（蛭田ほか 2005）

東京湾内の人工島に造成された環境保全林で調べてみると、年間の林内雨量は平均すると50ℓ前後、林外雨量は100ℓ前後で推移している。雨水に含まれている煤塵量は6年間すべての期間で林内雨のほうが勝っている。最小較差は1・2倍、平均較差は1・5倍である。

②樹幹流中煤塵量

スダジイとタブノキ各3本ずつの計6本の樹幹流中煤塵量の合計は、1999～2002年の4年間は156～184gとほぼ一定である。その後、119gに減少した翌年は248gと増大し、平均すると150g前後で推移していることが分かる（図3・12）。わずか6本の樹幹流だけで年間150gも洗い流してくれるので、これが何万本にもなるとその量は莫大となる。

4　環境保全林の防音・減音機能

音は大気圧の微妙な圧力変動であり、この圧力変動を音圧といい、音圧をデシベル（dB）で表わしたものを音圧レベルという。都市域での騒音レベルとしては、電車ガード下の85～95dB、オートバイの80dB以上、地下鉄の75～85dB、トラックの65～75dB、乗用車の50～65dB、公園および住宅地の45～55

dBなどの測定例がある（樫山１９８６）。

騒音は経路間に障害物がなくて音源から離れれば自然に減音する。樹林の防音機能は、これらの自然減音のほかに、林木の存在によってさらにどれくらい減音するかである（樫山ほか１９７７）。

樹林は音源との間を遮ることで、音を反射し、吸収し、減少させることができる。工学的な防音壁に比べると、同じ減音量を得るのには樹林の方がより広い土地を必要とする。防音効果面だけから見ると、防音壁の方が、効果が大きいが、樹林はさまざまな公益的機能を発揮し、騒音防止だけでなく、環境保全としての効果が期待できる。

ここでは、都市域に造成された幅の狭い環境保全林の防音・減音効果について紹介したい。

横浜の大学構内のグラウンドに隣接する道路との間には、約30年前に造成された幅約５・５ｍの環境保全林がある。樹高13ｍのタブノキとアラカシを主体とする照葉樹林である。グラウンド側は道路側よりも50㎝程度高くなっており、緩やかな斜面上に樹林が造成されている。立木密度は１・８本・m^{-2}である。グラウンド側林縁部にはウバメガシとトベラの低木が、道路側林縁部には高さ約１ｍのオオムラサキの植込みがある。

自動車騒音を対象とした調査では、①自動車の走行やクラクションの音などにより、記録された数値のばらつきが大きいこと、②自動車の走る車線や位置が変動し、音源との距離が一定でないことから減音効果を正確には測定できない。そこでブザーを音源とした結果、安定したデータを得ることができた（阿部・原田２００８）。

⑴ 調査の方法

音圧レベルの測定には、ケニスデジタル騒音計を用いて1秒間に1回の記録を行い、測定器を地面から1・2mの高さに三脚で固定し、30～130dB範囲の音を記録する（写真3・12）。

写真3.12　三脚にセットした騒音計

① 防犯ブザーを音源とした減音効果測定

環境保全林の道路側林縁の任意の5地点（①・③・⑤・⑦・⑨）と、それに対応するグラウンド側林縁の5地点（②・④・⑥・⑧・⑩）にそれぞれ騒音計を設置している。5地点について、それぞれ道路側に設置した騒音計から1m離れた位置で防犯ブザーを鳴らせて1分間測定している。音源には防犯ブザーを使用する。

環境保全林に隣接するグラウンドにおいて、距離による減音の測定を行っている。グラウンド内の任意の地点で防犯ブザーを音源として人為的に音を発生させ、高さ1・2mの位置に騒音計を設置し、1分間測定を行った。1mと6・5mの位置に設置したのは、環境保全林の幅での距離効果を推定し、大学構内の環境保全林で測定した結果と比較するためである。

表3.4　防犯ブザーを音源とした横浜の5地点の道路側およびグラウンド側林縁部での音圧レベルとその差（阿部・原田 2008）

調査番号	道路側(dB)	グラウンド側(dB)	差(dB)
①－②	91.84	70.15	21.69
③－④	89.77	68.60	21.17
⑤－⑥	88.91	70.81	18.10
⑦－⑧	88.19	67.93	20.26
⑨－⑩	87.78	70.48	17.30
平　均	89.30	69.59	19.70

表3.5　横浜において防犯ブザーを音源とした場合の距離効果（阿部・原田 2008）

音源からの距離	音圧レベル(dB)	標準偏差
1 m	87.30	0.55
6.5 m	73.99	1.55
差	13.31	—

(2) 主な結果

任意の5地点で調査した結果、平均で19・70 dBの減音（表3・4）がみられ、距離効果が13・31 dBと推定できる（表3・5）ことから、環境保全林による効果は6・39 dBの減音となる。

歩道を歩いているときに、自動車が通っていない時と、近くを自動車が通り過ぎる時とでおよそ10～15 dBの相違があり、感覚的にもかなり大きな差であることがわかる。また、ある点から放射された音は、理論上、音源からの距離が2倍になることで6 dB小さくなる。すなわち環境保全林に6 dBの減音効果があれば、環境保全林がない場所で音源までの距離を2倍にするほどの効果であるといえる。

防犯ブザーを音源とした場合、幅員が5・5 mの環境保全林は、距離による減音に加えて6 dB程度の減音効果を発揮している。

これまで騒音防止のために樹林を設ける場合に

は、幅員を30ｍ以上とることが必要である（樫山ほか１９７７）とか、林分に騒音レベルの明確な低下を期待するには少なくとも20ｍ以上の林帯幅の常緑林が必要である（田中ほか１９７９）など、樹林に防音効果を期待するには、20～30ｍ以上の幅が必要であるとされている。

幅５～６ｍの環境保全林でも防音機能を有していることが判明し、環境保全林の防音機能の有効性が明らかにされたといえるだろう。環境保全林は他の林分に比べ、立木密度・樹林の密閉度ともに高く、その構造は騒音防止の見地からもきわめて有効であるといえる。

5　樹林の温度緩和のはたらき

写真 3.13　温度データロガー

横浜の緑地で温度緩和機能を調べたことがある（植竹２０１１）。温度データロガーに四方に15㎠くらいの通風用の窓を開けたプラコップを被せ、体感温度に近い値が得られるように測定する（写真３・13）。調査地内のシバ地、植え込み、竹林、落葉広葉樹林、常緑広葉樹林で夏季の最高温度の平均と冬季の最低温度の平均を比較している（図３・13）。

夏季の最高温度の平均は、41・０℃、34・

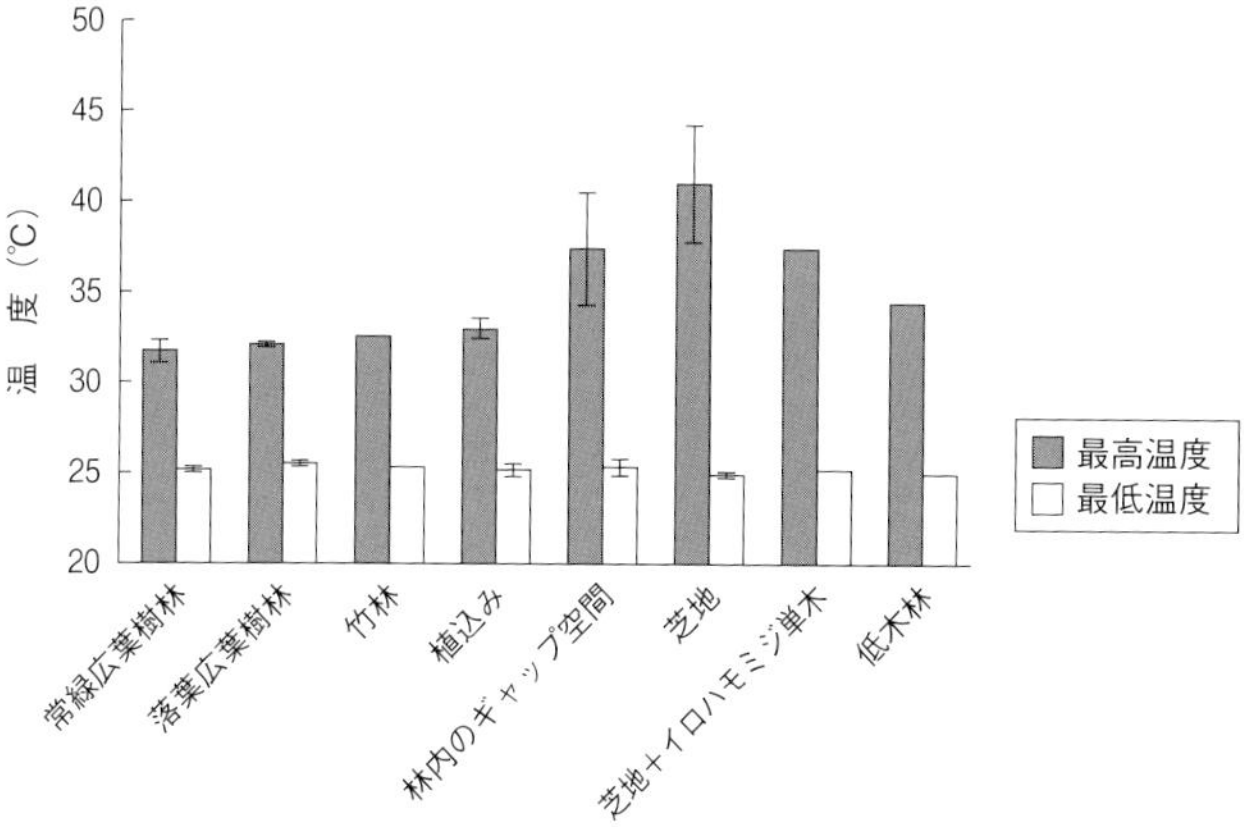

図3.13　夏季における英連邦戦死者墓地（横浜）のさまざまな植生地の最高温度と最低温度（植竹 2011）

4℃、33・0℃、32・6℃、32・1℃となり、シバ地と常緑広葉樹林との間には8・9℃もの差が生じている。

冬季の最低温度の平均は、マイナス2・8℃、マイナス1・8℃、マイナス1・1℃、マイナス0・8℃、マイナス0・4℃で、最高温度と同様に常緑広葉樹林や落葉広葉樹林などの樹林では温度が緩和されているのがわかる。

植込みのドウダンツツジとオオムラサキの真夏の表面温度と植え込み内部の温度差は、7・7℃と7・2℃であり、枝葉により直射日光が遮られることでこの差が生じている。日射の影響を受けやすい11時から15時までの間を対象とし、30分間隔で測定している。次の滲み出し効果も同様な測定である。

冷房の効いているデパートの前に行くと、ドアが開くと内側から冷気が流れ出てくる。これと同じ現象が樹林でも起こり、樹林内の冷たい空気が樹林外

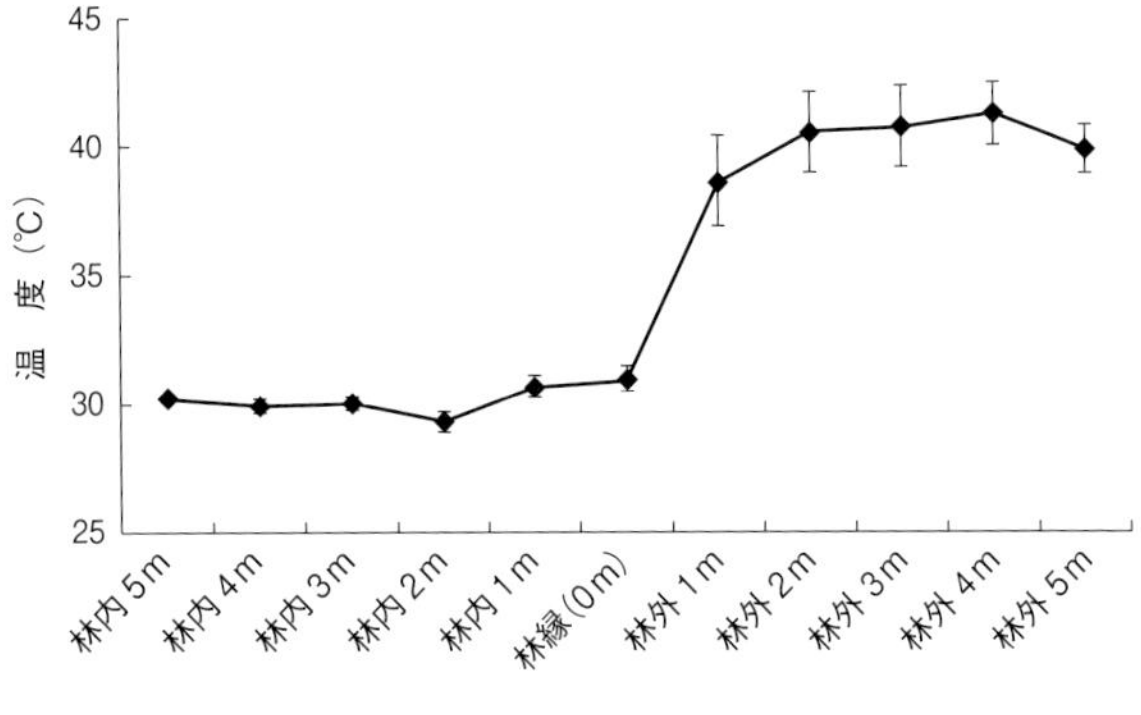

図 3.14　横浜の樹林からの距離別温度（植竹 2011）
夏季の 11 時から 15 時までの平均

に滲み出し、樹林周辺が低温になる現象を滲み出し効果という。

これを調べるため、樹林内と樹林外との境目（林縁）を0ｍとし、1ｍ間隔で樹林内と林外にそれぞれ5ｍ地点までの温度を測定する。樹林内3ｍから0ｍまではそれぞれ平均30・1℃、29・3℃、30・7℃、31・0℃であった。林外1ｍでは38・6℃、2〜3ｍ地点では40℃以上となっている。樹林からの滲み出し効果は林外1〜2ｍの間であることがわかる（図3・14）。

古い資料ではあるが、横浜の環境保全林を対象に、1991年6月18日から9月20日までの3か月間連続して1時間ごとの間隔で気温を測定した記録がある（原田・村上1992）。これによると、地上1・5ｍのところでは1日の最高気温が30℃以上になるのは14日間だけで、その平均温度は31・5℃となっている。さらに、地表部ではわずかに5日間にすぎず、最高値も30・9℃にすぎない。

比較となる林外の資料を持ち合わせていないので詳しい

ことはいえないが、上記の林外温度と単純に比較しても、環境保全林の温度緩和の寄与を推定することができる。

6　照葉樹自然林や都市近郊二次林との比較

(1) 常緑多年草とシダ植物の地点あたりの種数による比較

植栽後15年以上を経過した環境保全林の中に入ると、いつも感じることだが、草本植物の種類やその量が少ないことである。自然林の中を歩くと、シダ植物が一面覆っていて歩きにくかったり、常緑のつる植物が足に絡まったりすることを経験する。それが環境保全林になると、落葉がまとわりつく程度で林床植物がジャマだと感じることはまったくない。林床植物が地表を覆っている割合――植被率――は10%に満たないことが多い。なかでも常緑多年草やシダ植物の種数や出現頻度の低さは特徴的である。これらの種類を用いて環境保全林と照葉樹自然林との比較を試みた。

横浜市と隣接する川崎市、鎌倉市、藤沢市などに残存するヤブコウジ－スダジイ群集(以下スダジイ林と呼ぶ)、イノデ－タブ群集(以下タブノキ林)、シラカシ群集(以下シラカシ林)などの照葉樹自然林の種組成表(宮脇ほか1971、1972、1973、1981、藤間ほか1994)から常緑多年草とシダ植物をそれぞれ抽出し、**表3・6**と**表3・7**にまとめてある。

① 常緑多年草

4地域157地点から出現した常緑多年草はヤブラン、ジャノヒゲ、オオバジャノヒゲ、オモト、

写真3.14　常緑多年草のシュンラン

シュンランなど13種である(写真3・14)。出現頻度が高い上位7種のうち5種がユリ科の植物である(表3・6)。

なお、ユリ科植物は近年の分類によるといくつかに細分化されている。ここでは従来の分類体系に基づくユリ科として扱っている。常緑多年草やユリ科植物の種数による比較のほうが簡単明瞭であるが、調査地点数がまちまちであることや、地点数の増加に伴い種数が増大するので、ここでは地点あたりの種数で比較している。

これらの常緑多年草の出現頻度に注目し、地域ごと(横浜や川崎など)、植生ごと(スダジイ林、タブノキ林、シラカシ林)に何回出現しているかを算定し、その合計値を地点(資料)数で割って、地点あたりの種数を求めてみる。

例えば、5地点から3種(A〜C)の常緑多年草が出現し、さらにA種が5回、B種が4回、C種が

表3.6　横浜市とその周辺地域の照葉樹自然林内における常緑多年草の出現状況
表中の数字は出現回数を示す

地域	横浜市				川崎市		鎌倉市			藤沢市		
植生*	①	②	③	④	①	③	①	②	③	①	②	③
資料数	23	4	15	6	2	36	26	8	2	14	9	12
ヤブラン	10	3	12	4	2	27	23	8	2	12	7	11
ジャノヒゲ**	22	3	14	6	2	31	25	4	1	11	4	12
オモト	2		2	4		8	4		1		1	4
オオバジャノヒゲ			4	3		16	5	2	1			
シュンラン	3		2	1		14	2		1			
ツワブキ		1					2	3		6	4	
キチジョウソウ							2	4	1	3		1
シャガ		1	1				2	1				
カンアオイ			2				3					
イチヤクソウ						1	1					
ナガバジャノヒゲ				4								
タマノカンアオイ						3						
コクラン							1					
種数	4	4	7	6	2	7	11	6	6	4	4	4
合計出現回数	37	8	37	22	4	100	70	22	7	32	16	28
地点あたりの種数	1.6	2.0	2.5	3.7	2.0	2.8	2.7	2.8	3.5	2.3	1.8	2.3

*①はスダジイ林、②はタブノキ林、③はシラカシ林、④は横浜国立大学のスダジイ林
**カブダチジャノヒゲを含む

3回出現していれば、(5+4+3)÷5＝2.4で、地点あたりの種数が求められる。関東南部の照葉樹自然林では2点台のところが多い。

藤間ほか(1994)の横浜の環境保全林の資料を基に検討してみよう。12地点のうちの9地点は調査当時には植栽後17年、残りの3地点は13年を経過している環境保全林である。

なお、環境保全林の種組成が記録されている資料は少ないのでこれは貴重なものである。種組成表から常緑多年草をピックアップする。

常緑多年草はジャノヒゲ、ヤブラン、オモトの3種が抽出される。これら3種の出現回数の合計は4回と

表3.7　横浜市とその周辺地域の照葉樹自然林内におけるシダ植物の出現状況
表中の数字は出現回数を示す

地域	横浜市				川崎市		鎌倉市			藤沢市		
植生	①	②	③	④	①	③	①	②	③	①	②	③
資料数	23	4	15	6	2	36	26	8	2	14	9	12
ベニシダ	23	4	8	4		30	22	7	2	6	7	8
ヤマイタチシダ	14	2	5	1	1	21	17	4	1	3	1	3
オオイタチシダ	2	1		2		2	8	2	1	8	5	2
ミゾシダ			2		1	4	7	3	1	2	6	2
オクマワラビ		1	2		1	5					1	5
イノデ		2				3	1	6	1		1	
ゼンマイ			2	1	1	18			1	1		3
クマワラビ				1		1	6	4	1	1	2	
オオバノイノモトソウ							2	3		1	1	1
シケシダ		1	2			6						1
イヌワラビ			5	3		4	1					5
トラノオシダ						1	1		1			1
アイアスカイノデ								1		3	5	1
ヤブソテツ		2	2			2			1			
オニヤブソテツ							2	4		2	3	
オオベニシダ				1							2	1
ノキシノブ	1					1						
ホシダ	1										1	
オオハナワラビ		1				3						
ワラビ			2			1						
ヘビノネゴザ			1			3						
ヤマイヌワラビ			1			1						
ホソバシケシダ					1	2						
カニクサ						3						1
マメヅタ							1	1				
アスカイノデ				1		2						
フユノハナワラビ				1								3
その他11種		2			1	9	2	2		1	1	
種数	5	9	11	9	6	24	13	11	9	10	13	14
合計出現回数	41	16	32	15	6	122	70	37	10	28	36	37
地点あたりの種数	1.8	4.0	2.1	2.5	3.0	3.4	2.7	4.6	5.0	2.0	4.0	3.1

①はスダジイ林、②はタブノキ林、③はシラカシ林、④は横浜国立大学のスダジイ林。川崎市の②タブノキ林は存在しないのでデータなし。

なっている。調査地点（資料数）は12か所なので、地点あたりの種数は0・3種となる。表3・6の照葉樹自然林内での地点あたりの種数である1・6〜3・7種と比較すると、1／5〜1／12となる。

② シダ植物

シダ植物は照葉樹自然林から38種が出現している。特にベニシダ、ヤマイタチシダ、オオイタチシダなどの常緑性のシダ植物の出現頻度が高い（表3・7）。シダ植物も常緑多年草と同様に、合計出現回数を調査地点で除した地点あたりの種数で比較してみる。

環境保全林内のシダ植物はスギナとイヌワラビが計8地点から出現しただけなので、地点あたりでは0・7種になる。照葉樹自然林内での値が1・8〜5・0種であることからシダ植物からみても照葉樹自然林との間には差がある。

常緑多年草とシダ植物などの地点あたりの種数だけから比較するのは問題もあるが、従来このような手法の試みや検討がまったくなされていないことを考慮すると、これからの検討課題としてあげておこう。

(2) 鳥による比較

川崎の人工島に造成された6・4haほどの環境保全林で越冬期の鳥類相を調査したことがある。林内にルートを設定し、一定時間で歩行しながら幅25mの範囲に出現した鳥類種を記録する方法である。11〜1月の間の調査で、種ごとに平均個体数を算出する。同様な方法で調査された都市近郊二次林の座間市谷戸山公園の孤立林の調査資料（阿部 2000）と比較してみる。森林の面積は、鳥類の種

表3.8　川崎環境保全林の鳥類(阿部ほか 2001)

種　名	平均個体数	割合(%)
ヒヨドリ	34.3	54.7
メジロ	16.3	26.0
キジバト	3.3	5.3
スズメ	2.3	3.7
ウグイス	1.7	2.7
ハシブトガラス	1.7	2.7
オナガ	1.3	2.1
ハクセキレイ	0.7	1.1
アオジ	0.3	0.5
シロハラ	0.3	0.5
ドバト	0.3	0.5
合　計	62.7	99.8

数や個体数に大きな影響を与えるので、谷戸山公園の資料から種数―面積関係、種数―個体数関係の散布図を作成している。その散布図の中に川崎の記録をプロットすることで比較している(阿部ほか2001)。

11種の鳥類が記録された(**表3・8**)。谷戸山公園から得られたグラフに川崎の6・4haを当てはめてみたのが**図3・15**と**図3・16**である。種数では4種ほど少なく、個体数では予測どおりの値となっている。

ヒヨドリ、メジロ、スズメ、キジバト、ハシブトガラス、ウグイスの6種は、面積から予測される個体数と同程度かむしろ多い。アオジとシロハラは出現したものの個体数が全体の傾向よりも少ない。シジュウカラ、コゲラ、ヤマガラ、エナガはまったく記録されていない。

照葉樹自然林で上位を占めるヒヨドリやメジロは十分な個体数が確保されているが、種数は都市近郊林に比べて少ない。その原因としてはカラ類やキツツキ類の欠如が挙げられる。これらの鳥は冬季には主に樹上や樹幹に棲む昆虫

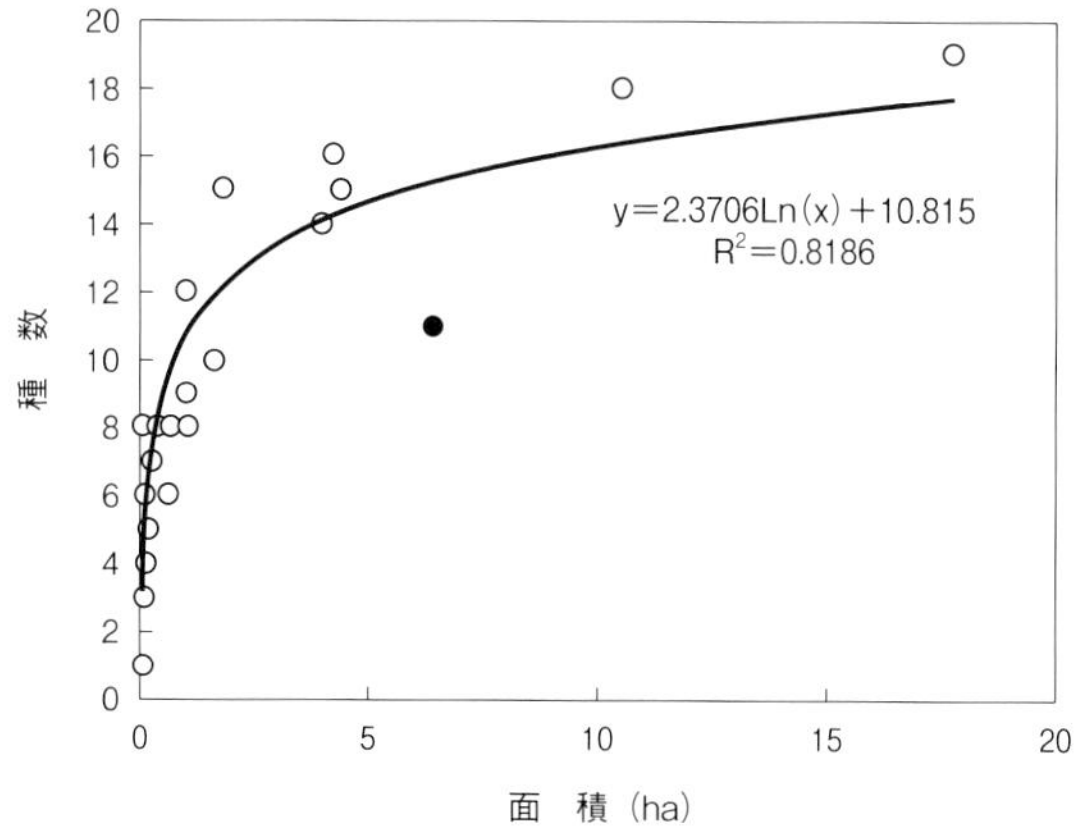

図3.15　都市近郊の雑木林における鳥の種数−面積関係の比率（阿部ほか 2001）
黒丸は川崎の環境保全林の値

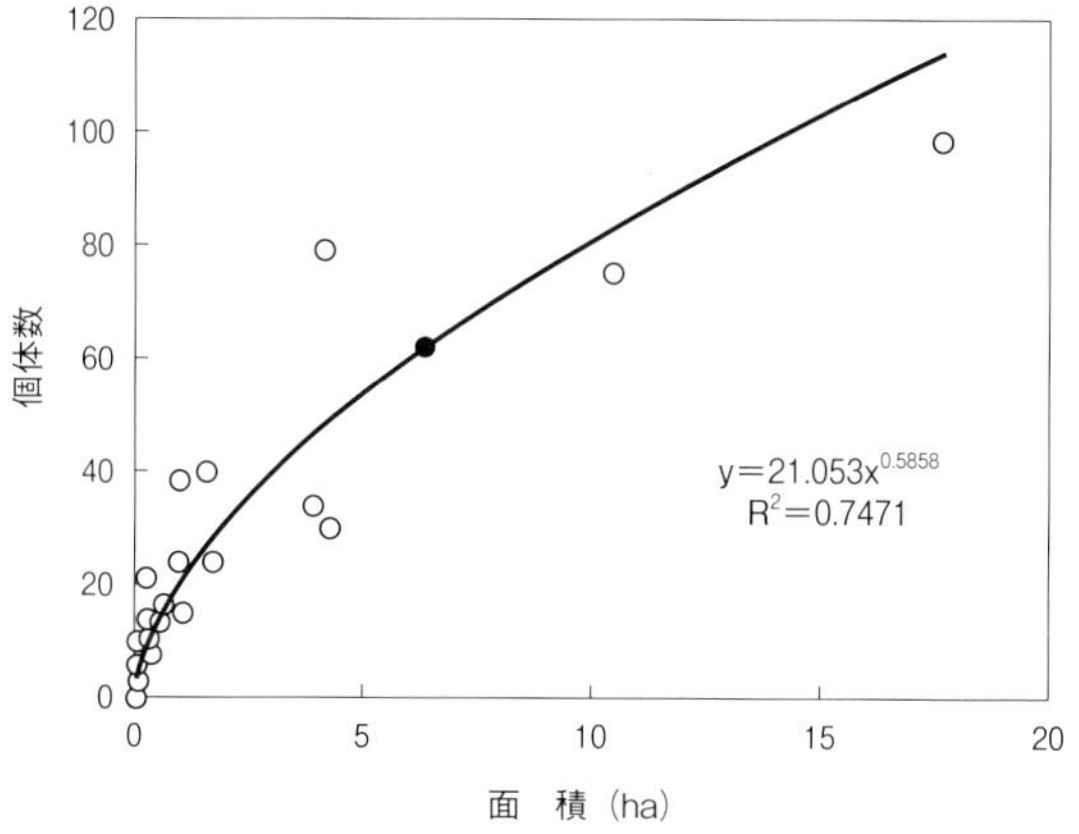

図3.16　都市近郊の雑木林における鳥の種数−全個体数関係の比率
（阿部ほか 2001）
黒丸は川崎の環境保全林の値

●コラム８　環境保全林で見られるキノコ

横浜や川崎の環境保全林で、植栽後の経過年数が20年以上のところではいくつかのキノコを見つけることができる。落葉を押し上げて姿を現わす、美しい紫色をしたムラサキシメジは落葉を分解する。大学構内の環境保全林でこのキノコが発生し、100本以上を採取し、食用にしたことがある。同じハラタケ類のウスキテングタケは白色の「つば」や「つぼ」を持つ毒キノコである。テングタケに見られるように傘の表面には膜質のイボが付着している。

ヒダナシタケ類にはマンネンタケやコフキサルノコシカケが伐採木の切り株や枯木に発生する。前者の傘は赤褐色でニス状の光沢があり、後者は灰白色～灰褐色でニス状の光沢はない。

腹菌類が一番多く見られる。エリマキツチグリの外皮は４～７片に裂けて星形をしている。ノウタケは地上生で球形の頭部と下方が細くなった基部よりなる。白色から黄褐色に変色する。

ムラサキシメジ

ノウタケ

マンネンタケ

エリマキツチグリ

を餌にしている。調査当時にはここの環境保全林は餌資源が十分に蓄積されていない可能性が高い。また、樹木構造の複雑性が低く、採餌空間としての樹冠の凹凸や樹木の割れ目、階層的な枝張りなどが十分でないことによるものと考えられる。

7　環境保全林の自然性の度合いを土壌動物で測る

植栽したポット苗は時間の経過とともに生長し、樹高は高く、幹は太くなり、やがては樹林となり、数十年経つと鬱蒼《うっそう》とした森へと育っていく。環境保全林が目標とする鎮守の森にどれくらい近づいたかを判定するひとつの方法として、ここでは土壌動物を指標とした方法について説明しよう。

⑴ 大型土壌動物の侵入状況

東京都八王子市の環境保全林は、国道16号線沿いの切通しの急勾配法面《のりめん》に造成されている。ここは、土壌の流出を防止するため編柵工を併用し、列状に客土したところに２～３年生の樹高１m未満のポット苗を㎡あたり２本の割合で植栽してある。主な樹種はシラカシ、アラカシ、アカガシなどである。平成元年３月に植栽されている。植栽後はワラにより地表面を被覆してある。この植栽地を対象に１年目、２年目、３年目、５年目の土壌動物調査を行い、本地域の自然植生に近い森林が残存している神社林のそれと比較している。

動物の侵入過程は図３・17のようである。造成後１～２年の初期段階において、オビヤスデとオカダンゴムシは個体数を急増させ優勢になっている。特にオビヤスデは、ポット苗植栽時にマルチング

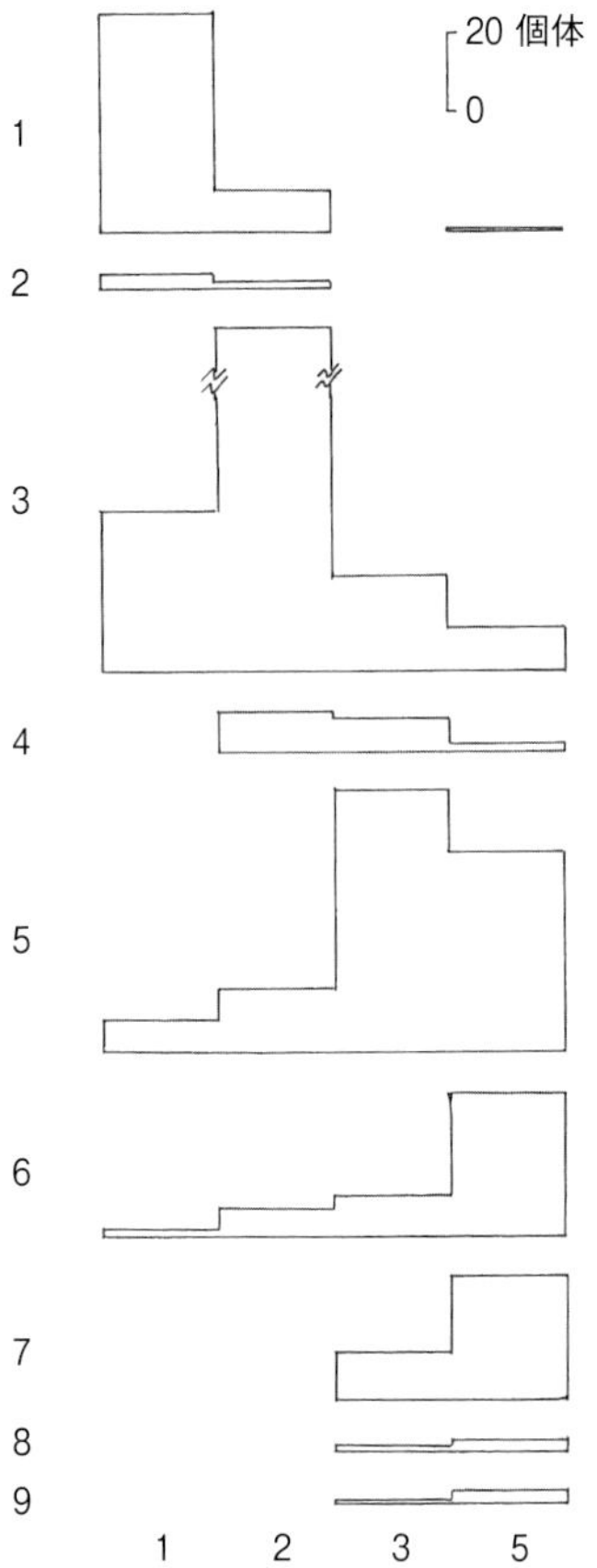

図3.17 八王子(東京都)における道路法面の植栽後の経過年数と大型土壌動物の生息状況(原田 1995)

1：オビヤスデ、2：ゴミムシ、3：オカダンゴムシ、4：ミミズ、5：ヨコエビ、6：ゾウムシ、7：アリヅカムシ、8：陸貝、9：ハチ

された敷きワラが適していたためか急増するが、ワラが分解してしまう3年目以降にはほとんど出現せず、5年目に僅かな個体が採集されているにすぎない。また、オカダンゴムシも2年目に急増し、3年目以降の7~15倍の数に達するが、個体数の増加はやはり一時的な現象のようで、何年も継続してはいない。

ミミズが2年目から、陸貝が3年目から生息するようになっている。しかし、多くの動物においては植栽地への侵入・定着過程に規則性は認められない。それはポット苗や敷きワラとともに運ばれてくるような移動・運搬の方法や、そこの場所へ動物を送り込む供給源が近くに存在するかどうかという距離の問題などによって、その様子が異なってくるからである。しかし、侵入してきてもそこの土壌環境が動物を支えることが出来なければ定着はできない。

環境目標となる神社林の土壌と比較すると、造成後5年経過してもカニムシ、ザトウムシ、コムカデなどいくつかの動物がまだ侵入・定着できないでいることがわかる。

(2) 土壌動物による自然の豊かさ評価

土壌動物は自然林のような自然性の高い環境で多様な動物相からなる群集を形成している。ところがその環境が人為的影響によって劣化すると、環境の変化に敏感な動物から順次姿を消していき、動物相は次第に単純化していく。土壌動物のこのような性質を利用して、現在その場所の土壌環境が自然環境からどれくらい隔たっているかを評価しようとするものが土壌動物による自然の豊かさ評価である。

具体的には、土壌中に生息する動物のうち32群を対象にして、これらを人為的影響に対する抵抗性の強弱によってA、B、Cの3グループに分類する。A群の土壌動物は人為圧による環境の劣化に最も敏感なグループ、C群の動物は最も鈍感なグループ、B群はその中間の動物である。そして、A群の10動物群には各5点、B群の14動物群には各3点、C群の8動物群には各1点の点数を与え、出現した動物の合計点によって、そこの土壌環境を評価しようとするものである。32群の動物がすべて出現すると100点になるように工夫されている(青木1989)。

(3) 調査の方法

平坦で落葉が均質に堆積している場所を選定し、25cm×25cmの方形枠を各調査地にそれぞれ5か所ずつ設置する。各方形枠内の落葉、落枝、腐植土および腐植土下の土壌を小型スコップで掘りながら、地下5cmまでの林床堆積有機物および土壌を紙袋に投入する。

採取した試料はツルグレン装置(土壌動物抽出装置)に投入し、40W電球で72時間照射し動物の抽出を行う(**写真3・15**)。甲殻類や陸貝などの抽出しにくい動物は、抽出後の容器に残っている試料を園芸用のふるいを用いて採取する。

写真3.15　土壌動物を土壌中から抽出するツルグレン装置

ロート部の上にある金網のところに土壌試料を置き、上から電球で乾燥させる。土壌動物は金網を通って下に逃げて、ロートの部分を滑り落ちてくる。アルコール液入りのビンを置いておくと、自動的に動物を土の中から採集することができる。

得られた土壌動物は75%エタノール溶液に保存し、実体顕微鏡下で、原則として目レベル、一部甲虫目などは科レベルで分類を行い、個体数を算定する。

(4) 川崎市の例

東京湾埋立地の川崎市に造成された環境保全林がある。ここは1984年5月に樹高0・5〜1・2mのポット苗木を1〜2本／㎡の割合で植栽した場所であり、苗木の種類はタブノキ、スダジイ、ホルトノキなどを主体とする照葉樹である。

植栽15年〜18年後の自然の豊かさ評価点は60点前後で、ここ何年か大きな変化はなく、ここの自然性の回復速度は鈍っているものといえる。また、埋立地であるため土壌動物の供給源となる自然環境が近くに存在しないことから、自然性の回復には長い時間が必要となるであろう（唐沢・原田2000、境野ほか2002）。

(5) 熱海市の例

1995年に造成された熱海市の環境保全林の調査結果である。ここは樹高1m未満のポット苗を3〜4本／㎡の割合で植栽した植栽後8年経過したところで、スダジイ、タブノキ、ホルトノキ、カシ類などの照葉樹が優勢となっている。

熱海の3地点の豊かさの評価点は71〜94点である。生育期間が10年未満の森としては極めて高い値を示していることになる。関東地方南部地域での評価結果と比較すると、自然林並みの高い値であるといえる。

これは調査地の周辺に土壌動物を供給する自然性の高い森林が存在しているからである。

熱海市の環境保全林は平坦部と、幅2m、高さ70㎝のマウンド上に形成されている。そこで、平

●コラム９　ダンゴムシいろいろ

横浜には５種のダンゴムシが棲んでいる。昔から日本にいた在来種のセグロコシビロダンゴムシ、トウキョウコシビロダンゴムシやシッコクコシビロダンゴムシは、自然が残っているところに生息している。

子供たちの遊び相手のオカダンゴムシは、ハナダカダンゴムシとともに明治期にヨーロッパから船に乗ってきた外来種である。

オカダンゴムシはその後日本全土に広がっていったが、ハナダカダンゴムシは限られたところにしか分布していない。今までにわかっているところは、横浜、兵庫県、滋賀県、群馬県、栃木県、富山県などである。後ろの４県は最近見つかったところでいずれも１か所である。

横浜では３か所から確認されているが、神戸を中心とする兵庫県では広く認められている。阪神淡路大震災で資材が移動されるなど、人為的影響が大きくはたらいた結果ではないかと推測している。

横浜で調べてみると、ハナダカダンゴムシは、森林の中にはいない。草地や植え込みなどで地表近くが明るいところでないと生息していない。明るいところに生える草本植物を好んで摂食しているからであろう。

横浜の丘陵は明治期には森林で覆われていた。そのため、森林に進出できたオカダンゴムシと違って、ハナダカダンゴムシは森林によって分布拡大が制限され、限られた場所にしか分布できなかったといえよう。

一方、在来種のコシビロダンゴムシ科の３種は、常緑広葉樹林のような自然豊かな環境に生息している。

在来種のコシビロダンゴムシ科の分類はとても難しいが、外来種２種とコシビロダンゴムシ科の区別は、腹尾節という末端の節の形が異なっているのでわかりやすい。

ダンゴムシ３種の尾節部．左より オカダンゴムシ，ハナダカダンゴムシ，コシビロダンゴムシ

坦部、マウンドの上部と下部の３地点で評価点を算出している。その結果、平坦部では87点、マウンド上部で71点、マウンド下部で94点である。マウンド上部とマウンド下部では、隣接する地点であるにもかかわらず、23点もの点数の開きがある。これは、それぞれの地点における堆積有機物量の多寡によるものである。ちなみに、マウンド上部の落葉量は０・25㎡あたり１１８g、下部では１９０g、平坦部では１５０gとなり、マウンド下部と上部では72gもの差がある。このことから、多くの土壌動物が利用している堆積有機物量の差が、そこに生息する土壌動物相に深く関係していることがわかる（境野ほか２００２）。

(6) 冷温帯域での評価

暖温帯域では機能する豊かさ評価も冷温帯域では不都合なことが多い。そこで、冷温帯域では以下の方法を用いている。

まず、カニムシ、ヒメフナムシ、ヤスデ、ジムカデ、イシムカデ、コムカデ、ナガコムシ、チョウ（幼虫）、アリヅカムシ、ゾウムシの10分類群の動物を指標動物として選定している。

これら10分類群の動物に各10点の持ち点を与え、出現率（頻度）に応じてこの10点を細分する。例えば、１地点での土壌試料数が５枠の場合には、５枠すべてからその指標種が出現していれば、出現率は１００％となり、10点が配分されることになる。以下４枠なら８点、３枠なら６点という具合になる。

出現率（頻度）に応じて配分された点数を加算し、10分類群の動物の合計値をその調査地点の評価点とする。10分類群の動物がすべての調査枠から出現すると、評価点は最高の100点となる（大久保・原田2006）。

土壌試料の採取方法についてはまだ未確定のところもあるが、25㎝×25㎝の方形枠を用い、枠内の堆積有機物とともに地下5㎝までの土壌を1地点につき5枠採取することがよさそうである。対象とする動物が比較的小型なものが多いため、土壌からの抽出にはハンドソーティング（肉眼採集）よりもツルグレン装置を利用するほうが適切かつ容易である。また、採集者の影響を最小限にとどめることができるという利点がある。

あとがき

「ふるさとの森」や「いのちの森」に関する書が多くある中で、本書はその独自性を明らかにすることにも細心の注意を払った。その結果、著者2人がこれまでたずさわってきた研究・活動の経験をベースに執筆を進めることで、その独自性が見えてくるのではないか、ということになった。そして、原田は自身の研究実績に基づいた第1章の「環境を守る森をつくるにあたって」と第3章の「環境保全林のつくりとはたらき」を、一方、矢ケ崎は市民との協働実績を踏まえた第2章「環境保全林づくりの手法」を中心に筆を進めることになった。いま、こうして完成原稿を読み返し、既刊の関連書と読み比べてみると、独自性に関する本書の当初目標はある程度達成できたのではないかと自負している。しかし、こうして本書を完成させても、決して満足することはできない。こうしているうちにも、森は日々生長し続け、私たちが未だ知らない森のはたらきや新しい問題・課題は次々と出てくるだろう。

著者らは、これまでいわゆる「環境保全林」と称されてきた森は、防音、防塵などの環境保全機能を高めることを目的とした樹林であると思っている。生物多様性や自然性など、その土地本来の生物的環境を守ることが第一の目的であるならば、それなりの時間と新たな工夫が必要と考えている。最近は、その環境保全林にアメニティの機能を求める声もある。とくに、みどりが急速に失われてきた日本の都市部では、身近にふれることのできる森林がなく、こうした声をよく耳にする。本書でとりあげた「環境を守る森」についても、ゆくゆくは、時代とともに改良が積み重ねられ、いろいろな意味・目的を含みうる樹林として進化していくだろう。こうした観点からの森づくりについては、次の執筆の機会に譲りたいと思う。まずは、多くの方々に本書を手にとっていただき、今の世代が「環境を守る森をつくる」ために、本書を活用していただければ幸いである。

本書を作成するにあたり多くの方にご支援いただだいた。

著者の一人は45年以上の長い間にわたり、また、もう一人は現在所属の研究機関において、植生学研究や環境保全林についてのご指導をいただいている宮脇昭横浜国立大学名誉教授に心から感謝の意を表したい。また、先生が40年前に撮影された写真を使用させていただいた。重ねて御礼申し上げたい。第3章の土壌動物による自然の豊かさ評価の執筆にあたり、横浜国立大学名誉教授の青木淳一先生の論文を使用させていただいた。感謝の意を表したい。

植竹靖果氏には横浜国立大学教育人間科学部に提出した卒業論文を引用させていただき、横浜市在住の藤間凞子博士には環境保全林の植生調査資料を、藤沢市役所の原田敦子氏には表紙の写真と環境保全林の原図を、フリー工業株式会社の北村智洋氏には樹冠投影図の原図を、横浜市立金沢動物園の先崎優氏にはダンゴムシの写真を、神奈川県立平沼高等学校の長尾忠泰氏と横浜市立南高等学校付属中学校の蛭田真生氏にはかつて共同研究でまとめたリターフォールに関する電子情報を改めて提供していただいた。坂東五郎氏には屋久島の森づくり、横須賀市自然・人文博物館には天神島、川崎ロータリークラブの山田哲夫氏には「森づくりの費用」、三浦市の芹澤貞夫氏には「芹澤家のヤマモモ」に関する記事の掲載をそれぞれお許しいただいた。以上の方々に御礼申し上げたい。

本書の出版の機会を与えてくださり、いろいろお世話いただいた海青社の宮内久氏と福井将人氏にお礼申し上げたい。

引用文献

阿部圭吾・原田　洋（２００８）生態環境研究15

阿部聖哉（２０００）生態環境研究7

阿部聖哉・目黒伸一・原田　洋（２００１）春夏秋冬（26）

相崎万裕美（２０１０）『新版土壌肥料用語辞典（第2版）』（農文協）

青木淳一（１９８９）『都市化・工業化の動植物影響調査マニュアル』、千葉県

藤原一繪・宮脇　昭（１９９４）真鶴半島総合調査報告書

藤山静雄（２００９）信州大学環境科学年報（31）

後藤晶子・北村知洋・原田　洋（２００３）春夏秋冬（30）

原田　洋（１９９５）『環境保全林形成のための理論と実践』（国際生態学センター）

原田　洋（１９９７）ＪＩＳＥニューズレター（17）（国際生態学センター）

原田　洋（２０００）春夏秋冬（24）

原田　洋（２００３ａ）自治研静岡（28）

原田　洋（２００３ｂ）自治研静岡（29）

原田　洋（２００４）自治研静岡（31）

原田　洋（２００５ａ）自治研静岡（32）

原田　洋（2005b）平成16年度　植物研究助成成果報告書（新技術開発財団）
原田　洋・石川孝之（2014）『環境保全林』（東海大学出版部）
原田　洋・村上雄秀（1992）横浜国立大学環境科学研究センター紀要18
林　弥栄（1969）『有用樹木図説（林木編）』（誠文堂）
比嘉ヨシ子・岸本高男（1987）沖縄県公害衛生研究所報（20）
平野秀樹・巨樹・巨木を考える会（2001）『森の巨人たち・巨木100選』（講談社）
蛭田真生・原田　洋（2005）春夏秋冬（33）
蛭田真生・古麗蘇木・艾買提・原田　洋（2005）生態環境研究12
堀江博道・高野喜八郎・植松清次・吉松英明・池田二三高（編）（2001）『花と緑の病害図鑑』（全国農村教育協会）
飯田奈都子・神谷貴文・村上　賢（2013）麻布大学雑誌24
石田剛之・藤山静雄（2013）信州大学環境科学年報（35）
上條隆志（1999）筑波大学農林学研究10
唐沢重考・原田　洋（2000）生態環境研究7
辛島康利（1998）『環境保全林の創造』（国際生態学センター）
苅住　昇（1970）林業技術（334）
樫山徳治（1986）『森林の公益機能解説シリーズ②　森林の防音機能』（社団法人日本治山治水協会）
樫山徳治・松岡広雄・河合英二（1977）『わかりやすい林業研究解説シリーズNo.59　樹林の防音機能』（社団法人日本林業技術協会）
勝田　柾・森　徳典・横山敏孝（1999）『日本の樹木種子（広葉樹編）（第2版）』（材木育種協会）
川口エリ子・佐藤嘉一・長濱孝行・片野田逸朗（2004）九州森林研究（57）

河原輝彦（１９８５）林業試験場研究報告（３３４）
小滝愛子・原田　洋（１９９６）土と緑の会会報（15）
小滝愛子・原田　洋（１９９７）春夏秋冬（17）
牧野富太郎（１９６７）『牧野新植物図鑑』（北隆館）
三浦　修・竹原明秀（２００２）植生情報（６）
宮脇　昭（編）（１９７７）『日本の植生』（学研教育出版）
宮脇　昭（１９９９）『森よ生き返れ』（大日本図書）
宮脇　昭（２００５）『いのちを守るドングリの森』（集英社）
宮脇　昭（２００６）『木を植えよ！』（新潮社）
宮脇　昭（２０１０）『三本の植樹から森は生まれる』（祥伝社）
宮脇　昭（２０１３）『森の力――植物生態学者の理論と実践』（講談社）
宮脇　昭・藤原一繪・木村雅史（１９８３）横浜植生学会報告22
宮脇　昭・藤原一繪・小澤正明（１９９３）横浜国立大学環境科学研究センター紀要19（１）
宮脇　昭・藤原一絵・鈴木照治・原田　洋（１９７１）『藤沢市の植生』（藤沢市）
宮脇　昭・原田　洋・藤原一絵・井上香世子・大野啓一・鈴木邦雄・佐々木寧・篠田朗彦（１９７３）『鎌倉市の植生』（鎌倉市）
宮脇　昭・中村幸人・鈴木伸一（１９９５）『塩那山岳道路における環境保全林形成の植生学的研究』（栃木県土木部）
宮脇　昭・藤間熈子・藤原一繪・井上香世子・古谷マサ子・佐々木寧・原田　洋・大野啓一・鈴木邦雄（１９７２）『横浜市の植生』（横浜市）

宮脇　昭・藤間熈子・奥田重俊・藤原一絵・木村雅史・箕輪隆一・弦牧久仁子・山崎惇・村上雄秀（1981）『川崎市の植生』（横浜植生学会）
森びとプロジェクト委員会（編）（2015）『臼沢の森観察報告書』（「森びと通信」別冊）
森重祐子・原田　洋（1997）春夏秋冬（18）
森重祐子・原田　洋（1998）春夏秋冬（19）
長尾忠泰・原田　洋（1995）生態環境研究2
長尾忠泰・原田　洋（1996）日本林学会論文集（107）
長尾忠泰・原田　洋（1998）春夏秋冬（20）
長尾忠泰・原田　洋・目黒伸一（2003）森林立地45
新島溪子・金子信博・川九邦雄（2005）Edaphologia（78）
野間直彦（1991）霊長類研究所年報21
野間直彦（1997）平成9年度特別展解説書（千葉県立中央博物館）
尾形信夫（1994）『有用広葉樹の知識――育てかたと使いかた（第3版）』（林業科学技術振興所）
岡山県土木部（1998）『環境保全林の創造』（国際生態学センター）
大野啓一・宮脇　昭（1994）真鶴半島総合調査報告書
大久保慎二・原田　洋（2006）生態環境研究13
大石康彦・井上真理子（編著）（2015）『森林教育』（海青社）
奥田重俊（1999）『環境保全林形成のための理論と実践（第二版）』（国際生態学センター）
奥田重俊・中村幸人（1988）横浜国立大学環境科学研究センター紀要15
境野光寿・原田　洋・裵　泰雄（2002）生態環境研究9
佐々木　寧（1986）『日本植生誌関東』（宮脇昭編）（至文堂）

佐藤大樹・小坂　肇・高畑義啓・矢部恒晶（２０１０）九州の森と林業（91）
自然再生事業のための遺伝的多様性の評価技術を用いた植物の遺伝的ガイドラインに関する研究グループ（２０１１）『広葉樹の種苗の移動に関する遺伝的ガイドライン』（森林総合研究所）
田村　淳（２００３）ＪＩＳＥニューズレター（41）（国際生態学センター）
田中一夫・池田　茂・紀村龍一・嶋沢和幸（１９７９）鳥取大学農学部演習林報告（11）
谷本丈夫（１９９４）『有用広葉樹の知識（第３版）』（林業科学技術振興所）
藤間熙子・石井　茂・藤原一繪（１９９４）横浜国立大学環境科学研究センター紀要20
戸田浩人（２００７）「針葉樹の人工更新」『森林・林業実務必携』（朝倉書店）
津村義彦・陶山佳久（編）（２０１５）『地図でわかる樹木の種苗移動ガイドライン』（文一総合出版）
上原敬二（１９７５）『樹木大図説Ⅰ』（有明書房）
植竹靖果（２０１１）横浜国立大学教育人間科学部卒業論文
上住　泰・西村十郎（１９９２）『原色庭木・花木の病虫害』（農文協）
矢ケ崎朋樹・村上雄秀・林　寿則（２００３）生態環境研究10（1）
矢ケ崎朋樹・加藤瑞樹・石山里栄・山本美幸・武井幸久・日野岡金治・畑中雅博（２０１１）生態環境研究18
山路木曽男（１９９４）『有用広葉樹の知識（第３版）』（林業科学技術振興所）
柳沢聰雄（１９９４）『有用広葉樹の知識（第３版）』（林業科学技術振興所）

ま　行

や　行

ら　行

索　　引

あ　行

か　行

さ　行

●著者紹介

原田　洋（HARADA Hiroshi）

略歴：1946年静岡県三島市生まれ。横浜国立大学卒業。学術博士（北海道大学）。横浜国立大学助手、助教授を経て教授。現在、横浜国立大学名誉教授。NPO法人国際ふるさとの森づくり協会理事。みんなの森づくり総研特別顧問。

主な著書：『自然を調べる』（監修・共著、木馬書館）、『日本現代生物誌　マツとシイ』（共著、岩波書店）、『植生景観史入門』（共著、東海大学出版会）、『小さな自然と大きな自然』（東海大学出版会）、『環境保全林　都市に造成された樹林のつくりとはたらき』（共著、東海大学出版部）、『土壌動物　その生態分布と多様性』（共著、東海大学出版部）など。

矢ケ崎朋樹（YAGASAKI Tomoki）

略歴：1973年神奈川県逗子市生まれ。1997年横浜国立大学教育学部卒業。2007年横浜国立大学大学院環境情報学府修了。博士（環境学）（横浜国立大学）。財団法人国際生態学センター研究員を経て、現在、公益財団法人地球環境戦略研究機関国際生態学センター研究員。

主な論文と活動：『植物社会学的、民族生物学的アプローチに基づく地域景観の資源性評価』（共著、生態環境研究）など。現在は、「生物多様性にまつわる村落住民の知恵・技術や生態系サービスの評価」をテーマに国内外で調査・研究を進めている。毎年、自然観察会や学習講座、技術研修等において、自然保護や森林保全、環境教育の重要性などを紹介している。

A Guide to the Environmental Protection Forests

環境を守る森をつくる《かんきょうをまもるもりをつくる》

発行日――――2016年10月15日　初版第1刷
定　価――――カバーに表示してあります
著　者――――原　田　　洋©
　　　　　　　矢ケ崎　朋　樹
発行者――――宮　内　　久

海青社
Kaiseisha Press
〒520-0112　大津市日吉台2丁目16-4
Tel. (077) 577-2677　Fax (077) 577-2688
http://www.kaiseisha-press.ne.jp
郵便振替　01090-1-17991

 ● ISBN978-4-86099-324-5　C3061　● Printed in Japan